国魂和氏璧与安徽白灵玉

张继新　编著

合肥工业大学出版社

HEFEI UNIVERSITY OF TECHNOLOGY PRESS

图书在版编目（CIP）数据

国魂和氏璧与安徽白灵玉/张继新编著. —合肥：合肥工业大学出版社，2017.6
ISBN 978-7-5650-3381-0

Ⅰ.①国…　Ⅱ.①张…　Ⅲ.①玉器-鉴赏-安徽　Ⅳ.①TS933.21

中国版本图书馆CIP数据核字（2017）第146991号

国魂和氏璧与安徽白灵玉

编　　著：张继新
责任编辑：疏利民
出　　版：合肥工业大学出版社
地　　址：合肥市屯溪路193号
邮　　编：230009
网　　址：www.hfutpress.com.cn
发　　行：全国新华书店
印　　刷：安徽联众印刷有限公司
开　　本：710mm×1010mm　1/16
印　　张：15
字　　数：213千字
版　　次：2017年6月第1版
印　　次：2017年10月第1次印刷
标准书号：ISBN 978-7-5650-3381-0
定　　价：98.00元
发行部电话：0551-62903198

本书编委会名单

主　任　张继新

副主任　林继相　王共亚　王共志

编　委　张继新　林继相　王共亚　王共志　王洪顺　梁传行

　　　　王　磊　李　侠　张　霄　杨良升　张云飞　姚　岚

　　　　王　进　张海洋　邵传虎　赵荣启　赵言海

本书编辑部名单

主　编　张继新

副主编　林继相　王共亚　王共志　王　磊　李　侠　张　霄

摄　影　林　琳　孙　凯　李　冰　刘　喆

核心提示

　　和氏璧一经诞生就当仁不让地成为天字第一号国宝。她不仅是财富的象征，更是权势甚至是皇权的象征。曾几何时，那些权倾华夏而又不可一世的所谓英雄豪杰们为了得到她，机关算尽，甚至不惜发动残酷战争。从某种意义上说，一部壮怀激越的春秋战国史其实就是一部围绕和氏璧而展开的血泪史和荣耀史。

　　那么，这块既能呼风唤雨又能撬动乾坤的小小之璧到底是一件什么样的宝物呢？她来自哪里？她是什么璧质？她又去向何方？十几年来，笔者徜徉在浩瀚的历史长河中，遍寻有关和氏璧的蛛丝马迹，从古典文献中提取有关和氏璧的科学信息，为你一步步揭开了有关和氏璧的团团迷雾，进而又进一步解析了和氏璧原璞——白灵玉原石的出产地域、文化背景、性质特点以及在新的时代背景下正在和即将演绎的一个又一个玉器传奇。

　　谨以此书献给那些关注和氏璧与白灵玉的同好们！

前　言

　　和氏璧以及以其为主角上演的那一幕幕高亢悲诳、壮怀激越的历史史诗如"卞和三献""完璧归赵"等在已过去的 2000 多年里一直深深地影响着一代又一代中国人的精神和灵魂，成为中华民族心路历程、民族情绪的一段独特记忆。因此，和氏璧又被称为中华民族的精神之石和灵魂之石。

　　我也是被有关和氏璧的故事而深深影响着的万千国人中的一员，从孩提时代起，和氏璧就在我的心灵深处烙上了深深的印记。但与众不同的是，我常常觉得和氏璧与我有缘，时而会在梦中梦到她，这也许就是冥冥之中的天意。

　　随着岁月的沉淀、知识的积累以及对和氏璧了解的不断加深，我渐渐觉得和氏璧在没有"破茧成蝶"之前其实就是一块普普通通的石头。她既不是天外来客，也不是岁月之星，更不是一些大学问家所认为的月光石、拉长石等，而是尚未被世人认知的安徽白灵玉。

　　当第一眼看到安徽灵璧的白灵玉原石就认定她是和氏璧原璞的不止我一人，还有十几年来始终与白灵玉朝夕相伴的江苏省的几位玉石雕刻大家（确切地说首提和氏璧即白灵玉的第一人是中国玉石雕刻大师王共亚先生）。当我把我们的观点与记录着和氏璧的古代文献一一印证时，结果分毫不差。很快《破解千古之谜和氏璧》一文也就诞生了。

　　当是时，它还不是一本书，充其量也就是一篇万余字的论文，准备去报刊发表，标题也已拟好，叫《破译文献、解密奇石、成功找到和氏璧原璞——一个困扰国人2700多年的千古之谜被破解》。正当我准备把此文呈给安徽省玉文化研究协会的张会长（原安徽省文物所所长张敬国教授）征求看法时，突然想起了两年前我答应张教授的写写安徽白玉的承诺。于是，很快就有了从灵璧石到白灵玉、解析白灵玉、收藏百灵玉、白灵玉文化等内容，也就有了《国魂和氏璧与安徽白灵玉》这本拙著。

　　本人既不是历史学家，也不是文物学家，更不是玉石方面的专家，充其量也就是一个普普通通的玉石爱好者。一个名不见经传的我，敢于破解被中科院地球化学研究所前所长谢先德先生称为"破解难度一点也不逊于数学领域哥德巴赫猜想和庞加莱猜想"的千古之谜和氏璧，确实需要勇气！

　　因此，当出版社答应出版此书时，我倍感惶恐，担心书中内容、观点会不小心冒犯他人，所以，为了消除误解，笔者还想再啰唆几句：

　　首先，自和氏璧诞生之日起，破译和氏璧之谜的大幕也就拉开了，从最初的民间传说到后来的官方记述，从只言片语到千言万语，业已挑战了历朝历代无数名垂青史的大学者的青春和智慧，到目前为止，有关和氏璧的诸多谜团仍然还在云里雾里。尽管如此，这些前人毕竟在迷雾中架起了盏盏灯塔，为后继者指引了前进的方向。比如，具有中国地质学创始人之称的近代科学巨匠章鸿钊老先生，他第一个高举科学大旗，利用近代文明成果另辟蹊径，通过研究和氏璧的璧质，为我们指出了一条破解和氏璧的科学的方向；再比如，当代中国科学院理学博士、一代科学怪才王春云先生呕心沥血数十载著就的《破解国魂和氏璧之谜·历史篇》和《破解国魂和氏璧之谜·宝玉篇》，通过研究先秦历史上已有的关于和氏璧的历史文献，并从原始古籍资料、派生古籍资料以及历代历史学家的注释资料中抽丝剥茧、条分缕析，提取了科学信息数十万言，为后来者研究和氏璧提供了不竭的源泉。假如没有前人的付出，我们还不知要在黑暗中徘徊多久。因此，如果本人在研究和氏璧领域能有半点突破的话，那完全是建立在像王春云博士那样的万万千千前人辛勤耕耘和创造性智慧劳动的基础之上的，不论他们是千言万语还是只言片语。这是肺腑之言，绝非寒暄之词。

其次，拙著中所言和氏璧与传国玉玺没有丝毫关系并不是说和氏璧原璞不够大，而是万代景仰的大史学家司马迁告诉我们的和氏璧其实很小。和氏三献中的"奉而献之厉王"，说明卞和是抱着石头去进献的。既然是抱，石头当然很大，如此须抱的石头去璞后琢成一个特大号的玉璧还是有可能的。然而太史公司马迁却在《史记·廉颇蔺相如列传》中说："传以示美人，美人皆呼万岁。"试想，能在宫中美人之纤纤细手中来回传视，说明和氏璧只不过就是一个"掌中宝"而已，直径充其量也就20厘米左右，如此之小的玉璧厚度绝不会超过3厘米，又怎么能如秦丞相李斯所言，改制成长、宽、高皆为4厘米的传国玉玺呢？

最后，和氏璧既然价值连城，肯定是用一块上等的美玉雕琢而成，这是毋庸置疑的。笔者经多方论证，认定和氏璧原璞就是白灵玉原石。那么，白灵玉是不是世间难得一见的美玉呢？我的两位江苏好友王共亚先生和林继相先生都是以雕琢白灵玉起家，其作品一经问世就连获玉石界各类奖项如百花奖、天工奖等大奖。除了两位仁兄贤弟的功夫十分了得之外，是否也有被坊间称为玉中皇后的白灵玉的功劳呢？此外，为直观答疑释惑，笔者请国内的两位玉匠将两块普通的白灵玉原石做成了六块玉璧，并将其图片放置在拙著之中，希望这能与号称玉帝的和田玉玉璧遥相呼应，作此安排，无非是想让读者明判：白灵玉是不是白玉中的王者，白灵玉有没有倾国倾城之貌，谁才是那个时代真正的绝唱！

是哉，白灵玉那不染尘烟的雪肌之美、圣洁之美，美到了灵魂，一如那和氏璧之美，美到了每一位中华儿女的灵魂深处一样！

谨以此记，权作前言。

作 者

2016 年 10 月 15 日

目　录

下篇　解析白灵玉

一度被王侯将相视为至宝的和氏璧，虽然早已湮没在历史的尘烟中，但有关和氏璧的美丽传说却始终闪现在茫茫的史河中，带给人们的不仅是无尽的遐思，还有无休止的争论……

上篇 破译和氏璧

第一章

走进和氏璧

一　千古之谜

和氏璧是诞生于公元前 757 年至公元前 741 年楚厉王时代的一块美玉，由于其奇绝的身世、悲惋的经历以及以其为主角上演的一场又一场壮怀激越、慷慨悲壮的历史史诗，演绎出卞和三献、将相和好、渑池相会、完璧归赵等一连串在历史上熠熠生辉的历史故事。这些历史故事是忠贞、智慧与谋略的化身。2700多年来，它们已随同我们华夏子孙吮吸的乳汁一起一并融入到我们的血脉之中，根植于炎黄子孙的灵魂深处，从而影响着一代又一代中国人的精神和行为。因此，和氏璧是中国人的灵魂之石。若从历史价值、人文价值、文物价值综合来衡量，说和氏璧是当今世界最有价值的一件宝物，一点都不为过。

仿古和田玉璧

"世界未解之谜"丛书

和氏璧到底是一件什么样的宝物，能在2700多年里受到国人如此狂热地追逐呢？

其实，自从和氏璧问世以来，围绕和氏璧的种种谜团也就产生了：她来自哪里？她是什么玉质？她是怎样传承的？她的最终下落又如何？ 2000多年来，为了解开这个谜团，无数的历史学家、考古学家以及广大的卜学爱好者都对其进行了不懈的探索，但时至今日，萦绕在和氏璧身上的谜团仍然还在云里雾里，目前仍被100多种各种各样的"未解之谜"，如《世界未解之谜》《中国历史之谜》《世界考古未解之谜》等收录其中。作为华夏子孙，不能不觉得是件憾事。

二　研究现状

研究和氏璧，中国地质学创始人之一的章鸿钊无疑具有划时代意义。在此之前的学者多半以记述为主，谈不上真正的研究。章鸿钊老先生是第一次利用近代文明成果、通过研究和氏璧材质来研究和氏璧的第一人。他于1921年发表了学术巨著《石雅》，依据唐朝道士杜光庭在《录异记》中有关传国玉玺"侧而视之色碧，正而视之色白"的记载，推理出和氏璧可能属于月光石、拉长石、绿松石、蛋白石、碧玉、蓝田玉、玛瑙等七种观点。

中国地质学创始人章鸿钊

受章老先生的影响，59年后的1980年，当代学者栾秉璈在《地质报》上发表了一篇《和氏璧是什么奇石》的文章，再次点燃了人们探索和氏璧的热情。从此，和氏璧的研究热闹非凡、高潮迭起。

1984年，湖北省地质矿产局工程师郝用威在湖北省神农架的板仓坪、阴峪河一带发现了月光石，从而验证了章鸿钊60多年前提出的湖北省竹溪县与竹山县之间距离荆山不远的地方可能产出月光石的说法。当年，郝用威完成论文《和氏璧探源》，文中明确提出"和氏璧为月光石"。数十家大众媒体如《宝玉石信息》《地质学史论丛》《人民日报》等进行了相关报道。一时间，郝用威借和氏璧之名，名声大振，蜚声海内外。

之后，学人们围绕着章鸿钊老先生的几种观点继续展开讨论，并以此为基础，引申出和氏璧可能属于猫眼软石、石包玉、独山玉、三峡奇石、冰洲石、翡翠等几种新观点。

知识链接　月光石

"青光淡淡如秋月，谁信寒色出石中。"古人用这样优美的诗句来赞美月光石。月光石是长石类宝石中最有价值的品种，因其能散发出淡蓝色的晕彩，如同朦胧的月光，故名月光石。月光石的质地从不透明到透明的都有，一般品质较好的月光石呈乳白色，是宝石中的极品。它的硬度为 6，比重是 2.56～2.62，性脆，折射率为 1.52～2.53，具有玻璃光泽。月光石的产地主要在外国，如斯里兰卡、印度、缅甸等国。1984 年，湖北省地质矿产局工程师郝用威在湖北神农架的板仓坪、阴峪河一带也发现了月光石。

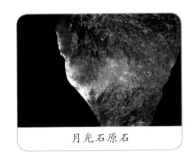

月光石原石

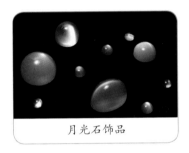

月光石饰品

值得一提的是，2002 年 6 月，中国社会科学院考古研究所的工作人员和中央电视台的记者一起对新疆昆仑山地区进行了一次"探索玉石文化"的科学考察。中央电视台为此次考察发行了《玉石之路》电视纪录片。纪录片通过科考认为，"和氏璧、西王母的传说出自昆仑山"，于是和氏璧的材质又出现了新面孔——和田玉。一时间，电视、报纸、杂志、网络，沸沸扬扬，激情高涨，争论不休。也许是受这种激情的感召，一代科学怪才，中国科学院理学博士王春云先生更是一口气写下了 60 多万字的《破解国魂和氏璧之谜（历史篇）》和《破解国魂和氏璧之谜（宝玉篇）》两部鸿篇巨制，并经过科学周密的推理，得出和氏璧就是一颗"超级大钻"的结论。

今人尚且如此，难怪乎古人在《录异记》里称之为"岁星之精，坠于荆山，化而为玉"，干脆把它说成是天外来客了！

知识链接 拉长石

拉长石是斜长石中的一种，一般由30%～50%的钠长石和50%～70%的钙长石分子组成，折射率为0.007～0.012，相对密度为2.2～2.69，硬度为6～6.5，具有斜长石型的两组解理，无荧光反应。

拉长石原石

拉长石是一种重要的造岩矿物，广泛出现于各种中性、基性和超基性岩中。

宝石级拉长石的重要产地是加拿大拉布拉多北部中海岸。中国湖北神农架和内蒙古也有宝石级拉长石的产出。

由于历史上的大学者出于历史的局限性没能从和氏璧的迷雾中挣脱出来，从而得出一些匪夷所思的结论，这是可以理解的；由

抛光后的拉长石

于当代的卞学爱好者激情燃烧，思想狂躁，接不上地气，得出一些违反事物本来面目的观点，这也是不难理解的。

三 经典论述

破解有关和氏璧这个谜团的确有难度，正如中国科学院地球化学研究所前所长谢先德先生所说："和氏璧材质的千古之谜的研究难度一点也不逊色于数学领域的哥德巴赫猜想和庞加莱猜想。这是因为和氏璧研究没有出土的考古文物，没有现场的证人，也没有直接的实物描写，有的只是2000多年前的学者对于和氏璧的间接描述。"因此，研究和氏璧，我们只能寻找旁证，也就是从浩瀚的历史文献里寻找有关和氏璧的间接描述，用科学、客观的态度去伪存真，以此来发现有关和氏璧密码的蛛丝马迹。

知识链接　蓝田玉

　　蓝田玉是中国四大名玉之一，也是中国开发利用最早的玉种之一。早在万年以前的石器时代，蓝田玉就被先民们开采利用，春秋至秦汉时期蓝田玉雕开始在上层社会流行，唐代达到鼎盛。

蓝田玉传国玺想象图

　　"蓝田玉"之名是因其产于西安的蓝田山而得名。历代古籍中均有蓝田产美玉的记载。现代开采的蓝田玉矿床位于蓝田县玉川镇红门寺村一带，含矿岩层为太古代黑云母片岩、角闪片麻岩等。玉石为细粒大理岩，主要由方解石组成。

蓝田玉艺术品

　　所以，笔者认为，无论和氏璧的破解难度有多大，只要我们找准关键文献，抓住关键文献里的关键字句，认真研究推敲，即使我们不能完全破解和氏璧的秘密，也能够得出一个让多数人接受的规律性的结论来。正如化学元素周期表里至今还没有找到的一些化学元素，我们已经提前给它"定位"了一样。相反，如果我们偏离了主流文献而一味品味那些旁枝末叶；如果我们一头扎进古人的思维定式里而一味在其定式里折腾，无论何时，我们对和氏璧的研究都不会有半点突破。

知识链接　三峡奇石

　　三峡奇石，有的称为三峡石，是产于三峡地区（从重庆万州到湖北宜昌的枝江，两边的恩施清江、神农架等也被包含在内）的各种奇石的总称。

　　三峡石的主要成分是石英晶脉和方解石，有的主要成分则是玛瑙。因而，三峡石的表面就有了粗糙和光滑的区别，它们共同的特点是纹理天然且异常丰富。三峡石千姿百态，纹理天然且独具特色：有鸽蛋般大小、蜡丸般圆润、孔雀般美丽的蛋白石和石髓，有彩缎般艳丽、珍珠般光灿的玛瑙，有黄金般闪耀、银梳般细密的玛瑙，还有艳如少女头发的缠丝玛瑙，颜色绚丽多彩。

三峡奇石

研究和氏璧，就是要用现代人的思维去剖析2700多年前那个时代人们的世界观、荣辱观，剖析那个时代的社会关系、心理诉求，在尊重历史文献的基础上，还要适时地从历史文献中跳出来，用辩证的观点去分析文献并加以纠偏，还历史以真相。只有这样，有关和氏璧谜团的破解才有希望。

自古以来，与和氏璧有关联的文献资料、研究心得不下千种。就数量而言，两汉以后的记述较多，但其中有价值的却很少，其主要原因就是那个时期的文人骚客多把和氏璧迷信化、神化，比如唐代道士杜光庭的"岁星之星，坠于荆山化而为玉"等。

相比较而言，两汉及之前的文献相对较为可靠一些，一是因为这些文献距离卞和生活的年代较近，再者，这些文献大多出自治学严谨的大圣人之手。

如战国法家思想的集大成者韩非子，西汉时期的大思想家、大历史学家司马迁等。

由此可知，研究和氏璧要以先秦时期的文献作为主流的基础资料，以两汉以后的记述作适当的补充。我们坚信，有关和氏璧宝玉材质信息的全部密码肯定包含在这些文献、记述之中。

在先秦诸子百家的典籍中，对和氏璧描述最直接、最全面、最可信的当属韩非子的《韩非子·和氏》。

首先，韩非子是韩国国王的众多公子之一，又是大圣人荀子的学生，始终生活在当时的顶层社会，信息广博。其次，韩非与传说见过和氏璧的秦国丞相李斯在秦共过事。当韩非著书时，秦国当时已经从赵国抢走了和氏璧，因为李斯在秦王政十年（公元前237）的《谏秦王逐客书》中已经讲到秦国拥有"随和之宝"。所以，韩非在秦期间多少会从同僚那里抑或是从传说亲眼见过和氏璧的李斯那里了解到不少有关和氏璧的信息。其三，韩非是万古流芳的大哲学家、大思想家，一向以治学严谨著称于世，其有关和氏璧来龙去脉的论述应该是有理有据、最为可信的。这也是和氏璧诞生以来我们所能找到的最为客观的一段关于和氏璧的论述了。

因此，研究和氏璧只要我们抓住韩非的《韩非子·和氏》这条主线，破译和氏璧的时日也就为期不远了。

为便于考证，现把《韩非子·和氏》原文摘录如下：

楚人和氏得玉璞楚山中，奉而献之厉王。厉王使玉人相之。玉人曰："石也。"王以和为诳，而刖其左足。及厉王薨，武王即位。和又奉其璞而献之武王。武王使玉人相之。又曰："石也。"王又以和为诳，而刖其右足。武王薨，文王即位。和乃抱其璞而哭于楚山之下，三日三夜，泪尽而继之以血。王闻之，使人问其故，曰："天下之刖者多矣，子奚哭之悲也？"和曰："吾非悲刖也，悲夫宝玉而题之以石，贞士而名之以诳，此吾所以悲也。"王乃使玉人理其璞而得宝焉，遂命曰："和氏之璧。"

《韩非子·和氏》原文共计213个字。笔者认为，和氏璧的主要密码其实就隐藏在其中的"璞""石""玉""宝"四个关键字中。领悟了这四个字的真正含义，也就揭开了挡在和氏璧面前的那层神秘面纱。

知识链接　碧玉

碧玉是一种含矿物质较多的和田玉，其主要矿物是阳起石、透闪石，属于角闪石族。碧玉的成因与镁质大理岩及超基性岩侵入有关，这与其他软玉品种在成因上有本质的不同。其他软玉品种成因为镁质大理岩变质，因而碧玉的含铁量高于其他颜色的软玉。碧玉自古就备受人们的青睐，

碧玉山料

早在清代就盛行于皇家贵族，被视为珍品。碧玉的颜色丰富，优质的新疆和田玉碧玉一般是产自玛纳斯。玛纳斯早在清朝时期就开始采挖，属于比较成熟的坑矿，由于开发早，玛纳斯碧玉的产出量已经较为稀少。玛纳斯出产的碧玉呈菠菜绿，其间有一些点状的杂质，或者白色的斑纹，其玉质细腻均匀，有油脂光泽。碧玉有山料、籽料和山流水料之分。

碧玉工艺品

第二章

认识和氏璧

一 和氏璧是"石包玉"

《韩非子·和氏》开篇即道："楚人和氏得玉璞楚山中。"说的是楚国有一个叫和氏的人在楚国的山中捡到了一块玉璞。

随处可见的石头

何为璞？《辞海》（2009）第六版给出的诠释是"蕴藏有玉的石头"；《国际标准汉字大词典》（1998）也认为璞"指包藏着玉的石头"。两种权威字（词）典对璞的解释是完全一致的。由此可知，所谓玉璞，就是玉的外面包裹着一定厚度石头的物体。

石包玉

"王乃使玉人理其璞而得宝焉"，是说楚文王让"玉人"去除玉外部的一层包裹石而得到了宝玉。这进一步印证了"璞"的真正含义。

由此可见，导致卞和被两削其足的玉璞，其实就是一块我们在田间地头随处可见的"烂石头"，只是它的内部暗藏美玉，除了卞和无人能知而已。

试想，卞和所献之璞不会只有"玉人"相过，两任楚王肯定是要见的，如若不然，仅凭"玉人"一句"石也"，楚王就命人削其足，这既不符合文理，也不符合法理，更不是一代法家鼻祖韩非的"个性"。只有楚王亲见之后感觉被愚弄才会命"玉人"相之，而"玉人"一见便曰"石也"，这才促使楚王痛下决心教训一下诳者"野人"卞和（抑或是"玉人"先相之再呈楚王御览，之后命人削卞足）。总之，只有卞和所献之石是一块路人皆知的"破石头"，使楚王感觉被戏弄，才会导致其被两刖其足。

此外，西汉淮南王刘安著《淮南子·卷十九·修务训》记载："鄙人有得玉璞者，喜其状，以为宝而藏之。以示人，人以为石也，因此弃之。"

西晋文学家傅咸在其著《玉赋》中曰："当其潜光荆野，抱璞未理，众视之以为石，独见之于卞子。"

唐初史学家令狐德棻等撰《周书·苏绰传》也记载："夫良玉未剖，与百石相类。"

由以上三位古人的记述可知，笔者解读的"和璞"之观点与他们的认识是完全一致的。

知识链接 石包玉

一些玉石外面包着或薄或厚的石皮，俗称石包玉，又称为璞、璞玉。有人将带石皮的玉件叫作石包玉，这是就玉件的用料而言，并不是指玉石品种。石包玉的品种很多，缅甸翡翠、辽宁河磨玉、安徽的白灵玉都可称得上是石包玉。

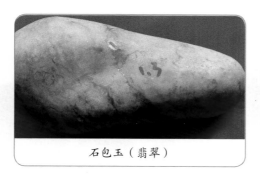

石包玉（翡翠）

石包玉（白灵玉）

但是，卞和因献宝被两削其足，自古以来竟然还有另外三种说法：一是楚厉王、楚武王的武断说；二是"玉人"失察说；三是卞璞的似石非石、似玉非玉说。

白纸黑字、真真切切、明明白白，为什么2700多年来，还有那么多大学问家就是视而不见、不明就里、指鹿为马呢？就连中国当代玉文化的权威专家、《中国玉文化》的作者姚士其先生也认为"卞和正是吃了这玉石千年之争的大苦，才被两次削断了双足"，并在《中国玉文化》一书中论述道："这个故事也有令人费解之处。楚文王能倾听卞和的痛哭，令玉人理璞解玉，终使宝玉现于天下。为什么前面的两位王者就不能这样做呢？切割玉石的方法在原始社会就掌握了，以当时的技术条件，将有皮壳的玉璞解剖一下并不难，为什么他们都做不到？而偏要经过两代人之后才想起这么一个非常简单的剖验方法？这是难以解释的。"

这里，我想问一下姚先生，如果有人抱一块您所熟悉的烂石头送到您的办公室说里面有宝玉，您会相信吗？您还会费尽周折让人解开一观究竟吗？我想未必！

因此，根据前面的推论，我们可以总结出"和璞"的特点，即外面是一层粗糙的石头，而且这种石头不仅在楚国能见到，在秦国、在赵国、在华夏九州的任何一个地方都能见到。此所谓"石包玉"也。

二　和氏璧是白玉

在论述和氏璧是白玉之前，我们先来解读一下古人心目中的玉。古人云："石之美有五德者，玉也。"《说文解字》对玉的定义是："玉，美好的石头。"众所周知，在科学不发达的古代，古人不可能像现代人一样从物理和化学的角度来认识玉，只能靠直觉，以大多数人的喜好对玉做出解释。在玉石的外观上，以色辨玉，必

白灵玉璧　梁传行

然成为古代人区别玉材好坏的唯一法则。所以，《玉纪》云："玉有九色。"

有关和氏璧是白玉的观点，古人多有论述，如南梁朝萧统著《陶渊明集序》中就有"白璧微瑕"的记录。唐代大诗人李白也有"连城白璧遭谗毁"的描述。此二人有关和氏璧为白玉的观点是从哪里获知的，我们现在已无法考证。但据笔者研究，把和氏璧说成是白玉的第一人当属先秦时期的韩非。其实，他在《韩非子·和氏》里已经交代得清清楚楚了。

知识链接   玛瑙

玛瑙也作码瑙、马瑙、马脑等，是玉髓类矿物的一种，有半透明或不透明的，色彩相当有层次。常呈致密块状而形成各种构造，如乳房状、葡萄状、结核状等，常见的为同心圆构造。通常有绿、红、黄、褐、白等多种颜色。按图案和杂质可分为缟玛瑙、缠丝玛瑙、苔玛瑙、城堡玛瑙等。常作为玩物或观赏物。

玛瑙（1）

玛瑙（2）

如"悲夫宝玉而题之以石""理其璞而得宝焉"，分别提到"宝玉""宝"。在卞和所处的时代，何为宝玉呢？当然是白玉。只有白玉才能称之为"玉中之宝"，理由如下：

白玉的地位最尊贵。在古人心目中，白玉是天地之精，是用来沟通人类与神灵的圣物。据《周礼》记载，统治阶级会把上等的白玉做成不同的礼器用以祭天、祭神、祭祖等重大的宗教活动。皇帝的日常用玉也全是白玉。《礼记》中说"天子佩白玉"，如皇帝头上的冕旒、象征皇权的玉玺、帝王服饰上的玉佩都是选用上等的白玉琢制而成。因此，白玉是天子的专用之玉，为统治阶级所独享。对于普通百姓而言，白玉曾经属于禁用之物。

白玉的价值最高。古人以色定玉，称玉有九色，但始终以洁白如雪者最贵。明代陈锡在《潜确类书》中云："玉色如酥者最贵。"《本草纲目》引用宋朝苏颂的话语："玉，惟贵纯白，他色也不重焉。"因此，在我们古代，白玉的价值最高，有"色差一分，价差十倍"之说。

所以，韩非说卞璞是宝玉，就是间接告诉大家卞璞是白玉，而且是当时天下已知的最白的白玉。

另外，西汉经学家刘向撰《新序·杂事五》记载："其贤而不用，不可胜载，故有道者之不戮也，宜白玉之璞未献耳。"

唐代大诗人李白在《鞠歌行》中描述："玉不自言如桃李，鱼目笑之卞和耻。楚国青蝇何太多？连城白璧遭谗毁。"

北宋文学家释道原著《景德传灯录》有"白璧无瑕，卞和刖足"的记载。

因此，和氏璧为白玉是毋庸置疑的。

除了《韩非子·和氏》中隐含的和氏璧以上两个特定的密码外，经过数十年的研究，本人认为，和氏璧还应该具有以下两个最基本的特征。

其一，和氏璧有瑕。

瑕：指玉内部的缺陷。

西汉司马迁著《史记·廉颇蔺相如列传》有"璧有瑕，请指示王"的记载。

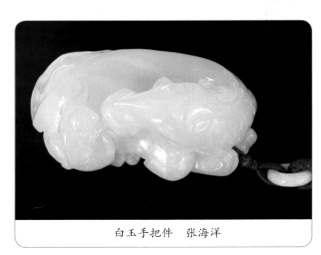

白玉手把件　张海洋

唐魏徵著《群书治要》记载："和氏之璧，不能无瑕，隋侯之珠，不能无颣。"

元高明著《琵琶记》记载："嗟彼一点瑕，掩此连城玉。"

其二，和氏璧原璞大若盈尺。

三国魏曹植著《与吴季重书》记载："人怀盈尺，和氏而无贵焉。"

东晋葛洪著《抱朴子·广譬》记载："然盈尺之珍，不以莫知而暗其质。"

东晋葛洪著《抱朴子·祛惑》记载："采美玉，不於荆山之岫，不得连城之尺璧也。"

知识链接　蛋白石

我国仅辽西地区发现过蛋白石矿，通常在高山上，大多在火山岩石中的夹缝中，是多年结晶而成。外有红色钟乳状带红土的皮子，硬度为 5.5~6.5，折光率为 1.37~1.47，密度为 2.15~2.23，是隐晶质集合体，半透明至微透明，具有玻璃光泽、珍珠光泽、蛋白光泽，细腻，润度好，跟古代和氏璧描述的特点接近，可以仿制"传国玉玺"。所以，蛋白石常被误解为和氏璧。

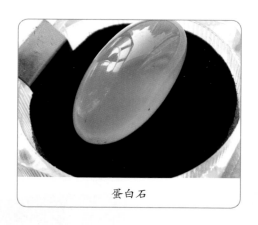

蛋白石

蛋白石手镯

金奎喜先生从《韩非子·和氏》解读道："该石是有皮的，具有较大的体积和重量，故需抱璞。"

总之，通过对《韩非子·和氏》的解读，再结合古代相关的文献记载，我们可以揭示出和氏璧的密码共有四个：石包玉、白玉、有瑕、大若盈尺。

也就是说，2700 年前，卞和献给楚王的玉璞，其外表就是一块大若盈尺的被风化了的干涩的、粗糙的普普通通的石头，其内部是玉，是白玉，而且是当时天下已知的最温润、最细腻、最洁白的白玉。

知识链接　绿松石

绿松石工艺名称为"松石"，也称"突厥玉"。因其形似松球且色近松绿而得名，是世界上稀有的贵宝石品种之一。绿松石储备量巨大，除中国之外，埃及、伊朗、美国、俄罗斯、智利、澳大利亚、秘鲁、南非等都有丰厚充足的矿藏储量。

绿松石是铜和铝的磷酸盐矿物集合体，以不透明的蔚蓝色最具特色，也有淡蓝、蓝绿、绿、浅绿、黄绿、灰绿、苍白等色。一般硬度为 5 ~ 6，密度为 2.6 ~ 2.9，折射率约 1.62。长波紫外光下，可发淡绿到蓝色的荧光。绿松石质地不很均匀，颜色有深有浅，甚至含浅色条纹、斑点以及褐黑色的铁线。致密程度也有较大差别，孔隙多者疏松，少则致密坚硬。抛光后具柔和的玻璃光泽至蜡状光泽。

绿松石（1）

绿松石（2）

第三章

探寻和氏璧

一 顶礼膜拜说荆山

尽管我们没有目睹过和氏璧的芳姿，但依据史料记载，我们已经清晰地勾勒出她的面部特征，解读了她的内心世界。那么，有着如此特质的和氏璧到底产自哪里？我们应该如何才能找到呢？

卞和洞

抱璞岩

自和氏璧诞生以来，卞和采玉点的说法就有很多版本。历代文人雅士或著书立说，或引经据典，阐述各自观点，比较典型的说法归纳起来主要有以下五种：

其一，湖北阳新说。《中国古今地名大辞典》载"荆山在湖北阳新县北五十里"，并引《舆地纪胜》云："为卞和得璞之所。"

其二，湖北南漳县说。汉《孔安国传》："北据荆山，南及衡山之阳，相传卞和得璞于楚荆山，即此。"《太平寰宇记》云："卞和得珍于楚荆山，即此；顶上有池，并有石室，相传是卞和宅。"

其三，安徽芜湖县说。《太玉府志》载："芜湖县东南十六里，介天成湖与长河之间，有大、小二山，曰大荆，曰小荆。"《九域志》谓："大荆山即卞和得玉处。"宋时，宣城人梅尧臣有《荆山》诗云："和楚人，滋楚地；泣玉山，无所记。但见楚人夸产玉，古庙幽幽无鬼哭；倘有鬼，定无足。"

其四，安徽怀远县说。《怀远县志》："荆山高一百八十五丈，周围十七里，东有卞和洞。"《中国名胜词典》也有这样的叙述："怀远县荆山有抱璞岩，传为卞和抱璞泣血之所。岩上有卞和洞，天然形成，幽深宽广，可容数十人；洞下有石如桃，洞上有坑，曰'采玉'，坑内有玉石层叠，晶莹闪亮，恍若白云攒集，俗称：'白云堆'。洞左有溪，碧流淙淙，名曰'濯玉涧'，传为卞和濯璞于此，故名；右有阁，曰'青山'，又名'梓潼'，其内旧有唐人胡曾《荆山诗碑》，上刻其诗云：'抱璞岩前桂叶稠，碧溪寒水至今流。空山日落猿声啼，疑是荆人哭未休。'"

知识链接　怀远荆山

怀远荆山在今安徽省怀远县西南。北魏郦道元《水经注·淮水》："《郡国志》曰：平阿县有当涂山，淮出于荆山之左，当涂之右，奔流二山之间，西扬涛北注之。"

怀远荆山

其五，南京高淳说。一是高淳荆山的地理位置以及曾经的历史背景与和氏璧的记录非常吻合。据《高淳县志》及其他相关资料记载，春秋时期，周天子坐天下，分封七十二诸侯，把高淳荆山脚下的五十里封为荆国，此地后为楚国疆域。高淳有大荆山、小荆山。二是高淳荆山脚下曾有卞和墓碑，上有"卞和墓"字样，一直到20世纪 50 年代墓碑还立在坟前。高淳荆山下有卞和村，据称是卞和后人延续所住。三是有代代相传的故事佐证。当地现在还流传着"石匠寻玉献玉"的故事，故事的整个情节与历史上卞和献宝的情况完全一致。从多个角度考量，当地人认为，高淳应该与卞和以及和氏璧有着千丝万缕的联系。

白灵玉雕 水月观音 王共志

以上诸多传说中的卞和抱璞处有一个共同点，即所有抱璞之山都叫荆山。

为什么古人以及大多数现代人会认为卞和的采玉之处在荆山呢？主要是卞和的难言之隐、故弄玄虚和欲盖弥彰造成了千百年来的代代口头误传，以致形成了之后的"历史文献记载"。到了唐代，大诗人李白还赋诗："秦欺赵氏璧，却入邯郸宫。本是楚家玉，来自荆山中。"另外，卞和献玉的故事惊天地、泣鬼神，卞和死后，后人为了纪念这位千古贞士，依据传说，在各地荆山建立庙宇，以便顶礼膜拜。再者，楚国 800 年历史虽多次迁都，但主要都城只有三个，而这些荆山多在离楚国三个主要都城的不远处，这就为如此传说增加了可信度。

传说终归是传说，有一个不可否认的事实是，在和氏璧诞生的两千多年间，她与夏后氏之璜、隋侯之珠并称为中国三大奇珍异宝。因此，围绕她的故事发生了一件又一件，各国国君都视为至宝，都想据为己有。但经千年寻觅，直到现在也没有在任何一个荆山找到第二块，和氏璧原璞再稀少，几块、几十块总会有吧？我们都不是唯心主义者，相信的是客观事实存在。因此，不论五处荆山采玉点被描述得多么鲜活、多么生动，也只能是一厢情愿的美丽传说罢了。

二 大浪淘沙论璧质

自古至今，荆山难辨，玉石可分。

近代以来，受西方科学思想的影响，唯物主义观念逐渐深入人心，越来越多的人开始淡化和氏璧的荆山说，尤其是一些地质界学者更是另辟蹊径，想通过寻找和氏璧的璧材来定性和氏璧的种属，以此来探寻卞和的采玉之所。可惜的是，他们没有端正科学态度，没有从经典文献中汲取营养，而是远离主流文献一味地追逐那些道听途说的细枝末节，并怀着种种心态，以期在现有的各种玉石中寻找答案，以致得出一些匪夷所思的结论来。

（一）妄加推理的和氏璧璧质说不符合客观事实

20 世纪 20 年代，有中国地质学奠基人之称的章鸿钊老先生依据唐朝道士杜光庭《录异记》中有关传国玉玺"侧而视之色碧，正而视之色白"的记载，推理出和氏璧的璧材可能是月光石、拉长石、绿松石、蛋白石、碧玉、蓝田玉、玛瑙等七种学说。60 年后的 1984 年，湖北地质矿产局工程师郝用威在章鸿钊推理的基础上发表了一篇题为《和氏璧探源》的论文，他在章先生推理的基础上，通过对历史、人文、地理等多方面综合评说，认定和氏璧就是月光石，以此印证章先生的观点。之后，众多文人学者如栾秉璈、赵松龄、王绍玺等纷纷撰文对郝用威的观点赞赏有加。1988 年，河南南阳市的江富建先生在《试论中原古玉业的产生与发展》中又提出了和氏璧是独山玉的新观点。他说独山玉料以色带产出，即一块独山玉正面看是一层白玉，而从侧面看则可呈现出带状分布的白玉、绿玉、紫玉等，由此，"侧而视之色碧，正而视之色白"的记载之谜可迎刃而解。湖北作家任爱国、李秀桦和艾子等发文赞同和氏璧为南阳独山玉这一说法，此所谓"孤掌难鸣"也！

知识链接 独山玉

独山玉产于河南南阳市北 8 千米的独山，故称独山玉。它与只由一种矿物元素组成的硬玉、软玉不同，是以硅酸钙铝为主的含有多种矿物元素的"蚀

变辉长岩"。南阳玉的硬度为
6～6.5，比重为3.29，其硬度
几乎可与翡翠媲美，故国外有
地质学家称其为"南阳翡翠"。
独山玉玉质坚韧细密，色泽斑
驳陆离，有绿、蓝、黄、紫、红、
白六种色素，是中国四大名玉
之一。

独山玉艺术品

奇怪的是，推理说并没有到此为止，更大胆的说法还在后面。1989年，闻广先生发文认为，台湾花莲所产的软玉中价值较为昂贵的猫眼软玉可能为传国玉玺的制作材料；2005年，马宝忠先生认为："2680多年前，楚国人卞和向楚王进献的玉璞琢成和氏璧，其石料就是来自远方夷地的缅甸翡翠。科学客观的考证，可以认定卞和得玉璞之地不是他家乡的荆山抱璞哭泣之地，而是五千里之外的夷地，就是现在的云南腾冲、缅甸勐拱野人山藏宝之地。"

知识链接　台湾猫眼石

台湾猫眼软石是透闪石中有良好猫眼现象的软玉品种，或称透闪石猫眼、阳起石猫眼。其主要产地在台湾花莲县寿丰乡丰田与秀林乡西林等地。台湾猫眼石的颜色有蜜黄、淡绿、翠绿、暗绿、暗褐和黑色等；质地分为透明、半透明及不透明。台湾猫眼石经过适当的抛磨后能显现猫眼的光芒，有些上等材质的猫眼石甚至具有奶蜜般的效果。

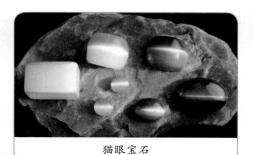

猫眼宝石

台湾产猫眼软石饰品

够了！在一些所谓的学问家们看来，关于和氏璧的千古之谜，仿佛不需要探究事实的是与非，只要符合"侧而视之色碧，正而视之色白"，也不论它在地球的哪一个角落，都可以贴上和氏璧的标签。不少人还善于借助移动的标签来操纵舆论，以实现哗众取宠之目的。尽管章鸿钊老先生德高望重、治学严谨；尽管后来的追随者众星捧月、标新立异；尽管江富建、任爱国等先生不遗余力、大肆渲染，但笔者不得不予以提醒：这种沿用杜先生"色碧""色白"之观点而得出的和氏璧璧质说既缺少历史依据，又偏离客观史实，如此连篇累牍，无疑是浪费笔墨。首先，杜光庭是唐朝的一个道家术士，他的《录异记》多为道听途说或凭空杜撰，可信度极低，历来不被治学者采用，因此，《录异记》里有关和氏璧的观点没有学术价值。再者，老杜先生描述的可是一块传说中的唐朝的传国玉玺，用一个被完全证实与和氏璧没有直接因果关系的传国玉玺的颜色直接说成是和氏璧的颜色并妄加推断，缺少最起码的学术规范。错误的观点再加上扭曲的论证怎么能够得出正确的结论呢？

（二）众望所归的石包玉说是最接近史实的研究成果

和氏璧原璞是石包玉，这是毋庸置疑的。但石是什么样的石？玉是什么样的玉？除笔者之外至今还没有人能做出科学的定论。因此，基于认识上的误区，出现了两种错误的石包玉说。

一是新疆和田的石包玉说。1936年，学者汪公亮在其所著的《西北地理》一书中认为和氏璧属于新疆和田玉籽玉中的一种石包玉。他说："子玉之有石质者名石包玉，古称赵氏璧（指和氏璧），即此类也。"20世纪80年代，学者唐延龄也认为和氏璧最重要的物理特性就是其具有使人迷惑的石质玉璞，因此，他认为和氏璧实际上是产自古代的西域，并通过贸易出现于古代楚国境内的，即和氏璧是来自现阿尔金山且末县所产的、外表包有一层褐色石质的白玉或青玉。

知识链接　和田玉

和田玉古名昆仑玉，产自中国新疆和田，与陕西省的蓝田玉、河南南阳玉、辽宁岫岩玉并称为中国四大名玉。和田玉在我国至少也有 8000 多年的悠久历史，和田玉是我国玉文化的核心和灵魂，是中华民族文化宝库中的珍贵遗产和艺术瑰宝，具有极其深厚的文化底蕴。

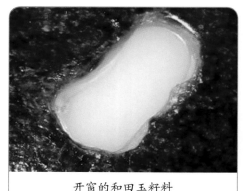

开窗的和田玉籽料

和田玉分布于塔里木盆地之南的昆仑山，西起喀什塔什库尔干县之东的安大力塔格及阿拉孜山，中经和田县南部的桑株塔格、铁克里克塔格、柳什塔格，东至且末县南阿尔金山北翼的肃拉穆宁塔格均有分布。

二是缅甸翡翠的石包玉说。出身翡翠世家，在翡翠赌石市场有着"翡翠王"之称的马崇仁先生于 2005 年发表论文《千古之谜和氏璧玉料考》，认为和氏璧可能是从缅甸经过 3000 公里的陆路流入楚国的带皮的高密度翡翠籽料。

以上两种石包玉都不可能是和璞，理由如下：

（1）翡翠籽料抑或是和田玉籽料，其外表都有一层与"众石"不一样的风化了的玉皮，而和璞外面的"石"是被笔者证实了的、在天下任何一个地方都能见到的妇孺皆知的石头。假如和璞是以上两种与众不同的玉皮包裹的璞玉，楚国"玉人"和楚王闻所未闻、见所未见，怎会一眼辨之"石也"？无论如何也要采取措施（如去璞或开窗）一探究竟！

（2）对和田玉而言，从新石器时代早期到春秋战国和氏璧故事的发生，和田玉大约走过了 6000 多年的发展历程。从原始时代狂热的玉崇拜，到夏、商、周三代神权政治的洗礼，我国的用玉习俗早已从远古的氏族领地遍布于中华大地；华夏九州也已形成了一个非常浓厚的玉文化氛围。特别是周朝初年的周公制礼，玉论写进了国家行政典章。像和田玉这种在当时占统治地位的名玉，无论是山料、流水料还是籽料，略有地位和玉识的人定能一眼辨之，更何况宫中的专业玉工？

知识链接　翡翠

翡翠产自缅甸北部的雾露河（江）流域的第四纪和第三纪砾岩层次生翡翠矿床中。其中最著名矿床有4个，它们分别是度冒、缅冒、潘冒和南奈冒。

除了缅甸出产翡翠外，世界上出产翡翠的国家还有中国、危地马拉、日本、美国、哈萨克斯坦、墨西哥和哥伦比亚。这些国家的翡翠大多为一些雕刻级的工艺原料，达到宝石级的很少。中国新疆和田地区策勒县也出产少量翡翠矿石。翡翠莫氏硬度在 6.5 ～ 7 之间，比重在 3.25 ～ 3.35 之间，熔点介于 900 ～ 1000℃ 之间。

开窗的翡翠原石

翡翠手镯

（3）对于翡翠而言，假如这个舶来品在 2000 多年前能够少量流入中国，按照当时的条件，卞和如何能利用少量的几块翡翠籽料练就一双火眼金睛，从而做到"一眼准"呢？如果练不到"一眼准"，卞和敢于贸然进献吗？不要说 2000 多年前的古人卞和，就是科技如此发达的 21 世纪的今天，有着"翡翠王"之称的马崇仁大师能够对翡翠籽料"百发百中"吗？而且还得看出石皮内藏有"白翡"。我断定，马大师决然不能。毕竟一刀穷、一刀富、一刀穿马裤的现象正在时时上演着。由此可知，卞和所献之璞不可能是翡翠籽料。

以上诸公对和氏璧的认识，之所以出现些许偏差，主要基于他们对石包玉中的"石"和"玉"的研究还不够精准，这对于那些一头扎进"色碧""色白"的迷雾里不能自拔的众多大学问家而言已是天大的进步了。

石包玉的追随者们既让我们看到了他们与和氏璧擦肩而过的缺憾，又让我们清醒地认识到：真正的和氏璧离我们已经越来越近了。

知识链接　冰洲石

冰洲石，化学成分为 $CaCO_3$，是无色透明纯净的方解石 (Calcite)，由于其具有特殊的物理性能，又被称为特种非金属矿物。最早发现于冰岛，故被称为"冰洲石"。优质冰洲石的晶体产于玄武岩的方解石脉和沸石方解石脉中。主要用于国防工业和制造高精度光学仪器，亦广泛用于无线电电子学、天体物理学等高新技术领域。

贵州是中国冰洲石资源最丰富的省份，而麻山是贵州发现的最大的冰洲石产区，产地位于黔西南地区望谟县的东北部。

冰洲石不作为首饰材料用，市场上常见的夜光球都是用夜光粉涂抹的方解石。冰洲石本身在任何环境、任何条件下都不会发光。

冰洲石晶体

冰洲石手镯

第四章

破译和氏璧

一　皖山现璞议身世

真相永远只有一个。经过 20 多年的探索、研究，笔者确信，产自苏皖交界的白灵玉原石就是卞和所献之璞。

本人对和氏璧的痴迷源于司马迁笔下的历史经典故事——完璧归赵。那么，和氏璧到底是一块什么样的璧，竟能在波谲云诡的春秋战国引起如此轰动并促使秦王开出如此之大单？为了解开这一千古之谜，近 20 年来，笔者查阅了大量的古籍，拜读了众多有关和氏璧的论著，走遍了祖国的大江南北，研究了我国的所有石种，结果却一无所获。正当笔者感到一片茫然之时，事情突然出现了转机，真是"踏破铁鞋无觅处，得来全不费工夫"。

白灵玉原石

解开玉皮后的白灵玉原石

　　2006 年，我有幸参加了安徽的一个石展，并从一位熟悉的老石农手里买下一块奇石，在我们即将分手时，老石农慌忙从自己的摊位上拿了一块原石执意要送给我，那是一块表面风化了的椭圆形黄褐色原石，我再三推辞，他硬是拉开车门放在了我的车内。到家后，我觉得该原石并没有什么特别之处，就随手把它扔在了庭院的角落里。当两年后再次见到它时，我顿时惊讶得说不出话来，原来它粗糙的一角居然破损并露出黄豆般大小洁白如雪的白石来。我急忙找人破开石皮，原来，平凡的石头里竟然包裹着一块拳头般大小、世之罕见的白玉！

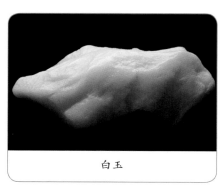

白玉

白灵玉原石

知识链接　白玉

　　白玉矿物名称叫软玉，又称中国玉，主要产于新疆和田。我国青海省、俄罗斯等也是白玉产地。严格说来，和田玉是软玉的一大矿种，不代表所有白玉。白玉称为软玉是相对硬玉（如翡翠等）而言。白玉是软玉中的主要品种，矿物主要成分是阳起石、透闪石，这样的矿物组成呈纤维交织结构，质地细腻紧密且韧性很好，具玻璃至油脂光泽。

　　几千年来，人们在不同的玉材对比中，逐渐认识到白玉的质地最好、结构最细腻、外观最赏心悦目，同时也最能体现刚柔兼备的品质。白玉有五大特点：脉理坚密；细腻温润；适宜雕刻；抗压度高；出声悦耳。

震惊之余，我费尽千辛万苦，终于找到了那位送给我原石的老石农。在之后的几年里，老石农多次带我到他家的东山下，又找到了数十块大小不一，多呈扁球形、圆柱形的此类原石。

该石产于安徽东北部的九顶山，是一个新玉种，当地人习惯地称之为白灵玉。

灰底白灵玉

那么，什么是白灵玉呢？其实，白灵玉是灵璧石的一个品种。如果把灵璧奇石这个大家族分成若干个种类，灵璧白灵石则是其中的一个分支；如果再把灵璧白灵石看成是一个小家庭，那么灵璧白灵玉就是这个小家庭中的一员。

白灵玉山料

白灵玉是一种典型的石包玉，干裂粗糙的石头中包裹着润白如脂的白玉。起初，当地人不了解它的价值，只是沿袭传统的方式，扒开一面石皮露出洁白的肌肤，然后视其形加工成千奇百怪的山峰或千姿百态的树枝向外出售，直到江苏的一些玉石雕刻家发现该石并将其加工成价值昂贵的工艺品走俏市场之后，白灵玉才开始为外界所知。

听其名就能知其色。"白灵玉"中的"灵"是指灵璧、灵璧石；"白"是石头的颜色；"白灵"即白色的灵璧石之意；"白灵玉"，顾名思义，即白灵石中的温润如玉者。白灵玉的白，明亮、雅致、端庄、神圣。白灵玉的白是不染烟尘的白、天生丽质的白、雅洁脱俗的白。她温润、细腻、色柔可人，堪称"天下第一白玉"。

白灵玉既有和田玉那样的山料、籽料、流水料；又有田黄石那样的田料。白灵玉的山料和田料几乎都是石包玉；白灵玉的籽料和流水料因长时间受流

白灵玉田料

水冲刷，石皮多已剥落。孕育白灵玉的九顶山海拔多为 100 米左右，在数亿年前的地壳运动中，白灵玉的山料在外力作用下，脱离主矿床，翻滚到山下的田间地头，形成原封石，又经过数万年的地质演变，有的裸露地表，有的深埋地下。裸露地表的粗糙干裂，人们习惯称之为"原石"；埋在地下的就形成了今天我们看到的全身涂满金黄之色的白灵玉的田料。

知识链接　白玉的三大产地和四种产状

白玉的三大产地是中国的新疆、俄罗斯和中国的青海。

新疆白玉的产出主要在"三区十一县"，即巴州地区、和田地区和喀什地区这三个行政区域，依昆仑山脉沿东向西排列，其主要矿区分布在巴州的若羌、且末两个县；和田地区的于田、策勒、洛浦、和田、墨玉和皮山六个县；喀什地区的叶城、莎车和塔什库尔干三个县。

四种产状分别是籽料、山料、山流水料和戈壁滩料。

石农刚采到的白灵玉原石

带瑕的白灵玉山料

白灵玉是集"石"与"玉"之大成者，其石包玉中的"石"是在世界任何一个角落都能见到的普普通通的石：有大若盈尺重若数十公斤者，有小如花生般大小而不足一两重者。其颜色有黑色、青色、灰色、黄色和杂色数种。所谓杂色就是黄、红、青、蓝、紫诸色集于一身，当地人又称之为五彩石者。所谓石包玉中的"玉"，是以白色为主的玉。白灵玉的白以雪花白为主，兼有羊脂白、鱼肚白、梨花白、荔枝白等数种。又由于白灵玉洁白如雪，所以当地人习惯称白灵玉为"雪花白灵"，并按"雪花"大小，分为"大雪""中雪""小雪"和"碎雪"等品种。

通常情况下，"大雪"的外面是大的包裹石，"小雪"的外面是小的包裹石，而"碎雪"的外面，其包裹石就如同核桃和花生般大小了。

章鸿钊在《石雅》中称玉石："雪之白、翠之青、蜡之黄、丹之赤、墨之黑皆上品。"白灵玉不是雪花胜似雪花。因此，说白灵玉是玉中上品，名副其实。

白灵玉有瑕，主要是其晶体内存在少量的黑色点状物。白灵玉黑色圆点状瑕极其微小，只有绣花针的针尖那么大，不仔细看很难分辨出来。

白灵玉的瑕大多是黑色包裹体，恰恰与白灵玉的主色调"白"形成鲜明对比。白灵玉的瑕可用于雕琢时的俏色运用，往往能化腐朽为神奇。一些惊世骇俗、巧夺天工的白灵玉艺术品就是这样诞生的。

知识链接　羊脂白玉

羊脂白玉又称羊脂玉，顾名思义就是好似羊脂（俗称羊油）一样的玉石。现代宝玉石学家的解释是：其颜色呈脂白色或比较白，可稍泛淡青色、乳黄色等，质地细腻滋润，油脂性好。羊脂白玉中主要含有透闪石 (95%)、阳起石和绿帘石，状如凝脂，为软玉的一类。羊脂白玉属

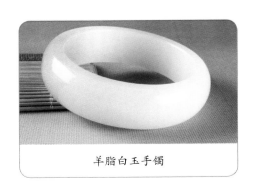

羊脂白玉手镯

于玉中的优质品种，韧性和耐磨性是玉石中最强的，入土数千年，也不会全部沁染。

二　——印证解千古

（一）白灵原石是和璞

由前文对白灵玉的介绍可知，白灵玉有四大特点，即白灵玉是石包玉，白灵玉是白玉而且是当今世界最白的白玉，白灵玉有瑕，白灵玉有大若盈尺者。白灵玉这四大特点与和氏璧原璞的四个特定密码一一应对，分毫不差。这种

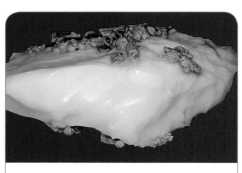

去掉石皮后五彩底白灵玉

白灵玉小原封石

紧盯和氏璧原璞材质并对其进行不懈的研究正是近代以来无数卞学爱好者努力的方向；这种对和氏璧原璞材质研究的突破正是无数历史学家、文物学家所梦寐以求的；白灵玉原石与和氏璧原璞的材质如此完全吻合也是无数"大学者"完全没有想到的。

根据笔者多年研究，和璞就是白灵玉原石，而且，倘若"外有五彩之章、内有卞和之玉"的传说属实的话，那么和璞很可能就是白灵玉原石中的五彩白灵石，原因不仅在于"五彩石"在白灵石中极为罕见，而且最温润、最细腻、最洁白，是白灵玉中的极品。

此外，为了更直观地用实物来证明"白灵玉原石是和璞"这一观点，我在合肥开办了一个白灵玉石展览馆，馆内，白灵玉的山料、流水料、籽料、白灵玉原石、白灵玉艺术品，一应俱全。凡观者，无不为和璞的逼真再现而慨叹，无不为白灵玉的神美而折服！

如果还有人怀疑白灵玉的"宝气"，不妨看一看荣获中国玉石雕百花奖

金奖的江苏玉雕家林继相先生的《唐韵》等作品。看后，你就会明白什么叫价值连城、什么叫倾国倾城。

（二）沂水之滨是荆山

也许有人认为下这种结论似乎还有点草率，卞和的抱璞之所不是湖北、河南等地吗？怎么一下子又跑到皖北了呢？为了消除这些疑问，请同志们看一看卞和在其《怨歌》里都说了些什么就清楚了，只是众多学者受一些误传及迷信的影响未深入研究文献而已。为了打消一些人的顾虑，我们不妨再把东汉末年文学家蔡邕在其《琴操》中记述的卞和的《怨歌》拿出来分析一下，真相就大白于天下了。

……王使剖之，中果有玉，乃封和为陵阳侯。卞和辞不就，而去。乃作怨歌曰：悠悠沂水，经荆山兮。精气郁决，谷岩岩兮。中有神宝，灼明明兮。穴山采玉，难为功兮。于何献之，楚先王兮。遇王暗昧，信谗言兮。断截两足，离余身兮。儃佪嗟兮，似摧伤兮。紫之乱朱，粉墨同兮。空山嘘唏，涕龙钟兮。天鉴孔明，竟以彰兮。沂水滂沛，流于汶兮。进宝得刑，足离分兮。去封立信，守休芸兮。断者不续，岂不怨兮。

沂河唱晚

蔡邕是东汉末年著名的文学家，在后世很有名气，其关于卞和献玉的详细记述也为后世很多学人所引用。

《怨歌》中有几句说得很直白。

其一，"悠悠沂水，经荆山兮。"这里的沂水和荆山分别在何处呢？

现在横跨山东、江苏两省的沂河是淮河流域泗、沂、沭水系中较大的河，位于

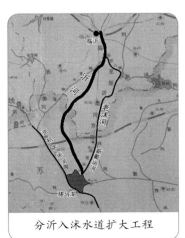

分沂入沭水道扩大工程

山东省南部与江苏省北部，曾为古淮河支流泗水的支流。源出山东省沂源县田庄水库上源东支牛角山北麓，北流过沂源县城后折向南，干流经沂水、沂南、临沂市区、兰陵、郯城，至江苏省邳州吴楼村入新沂河。从当下沂河流经区域可知，古沂水流经现在江苏西北部的徐州市睢宁县是确凿无疑的，而九顶山横跨苏皖交界的睢宁县和灵璧县，因此"悠悠沂水，经荆山兮"中的荆山就是现在的徐州附近的山脉。

其二，"沂水滂沛，流于汶兮。进宝得刑，足离分兮。"这句话是告诉我们他是在沂水滂沛流于汶处得到的宝。沂水滂沛又在哪里呢？

江苏省徐州市有一个沛县。沛县早在秦朝就开始置县，以沛泽而得名。汶，指汶水。据《水经注》载："桑泉水上源之一夔崮水，俗称汶水。"另据《辞海（第六版）》："汶水，源出山东蒙阴西，东南流经县南，至沂南县南入沂河。"这说明古沂水流经徐州，与上文我们阐述的观点是一致的。从而也说明古沂水、古沛水、古汶水在现在的徐州市附近是相互交融的。此情此景在当时的中国还能找到第二个吗？这再一次证明了卞和的抱璞之处就是徐州附近的山脉。

九顶山村民采玉照

而且，卞和抱璞时灵璧还远没建县，在相当长的时期内，行政管辖权隶属徐州。据《禹贡》载"海、岱及淮惟徐州"，即淮河以北为徐州，灵璧在淮北，可知灵璧即徐州。所以，卞和把抱璞之地说是徐州当在情理之中了。

其三，"穴山采玉，难为功兮。"穴，辞海解释为土室、岩洞；《易·系辞下》有"上古穴居而野心，后世圣人易之以宫室"的解释，另有洞孔、窟窿之意；《聊斋志异》有"遽扑之，入石穴中，掭以尖草不出"的解释。引申为穿洞，如穴地、穴垣。因此，穴山采玉有琢山采玉和野居山里采玉两种含义。

左边这幅照片是当地村民在九顶山下采

挖白灵玉原石时被经过此处的一个朋友拍下的。2700多年前的卞和在铁制工具还没有广泛使用之前是用什么土办法采玉的已无可考证，但困难是可想而知的。所以，卞和才在其《怨歌》中道出了“难”字。此情此景，虽跨越时空近3000年，采玉的场面却有着惊人的相似之处，不由得让人浮想联翩，把两种采玉场景浓缩到同一片蓝天下、同一块土地上。况且，九顶山村民采到的白灵玉原石从表面上看都是普普通通的石头，只有磨去石皮后才会露出洁白的美玉，这种石头的材质与“卞和三献”中的石头完全一样。真是此“石”无声胜有声啊！

村民采到的白灵玉原石

磨去石皮后的白灵玉原石

3000年时光倒流，山，肯定还是那座山；石，肯定还是那座山上的石；但水确实不是那些水了。不说别的，单就开挖大运河这一项工程，就能彻底改变卞和《怨歌》中提到的汶水、沂水、沛水等诸多水系的原貌。基于此，本人总是无端地觉得当今流经九顶山的废黄河水系，当初就是古沛水或古沂水的一个主要分支。常言道：“山河易改，禀性难移。”尽管山河可以轻易“改头换面”，但基于历史事实的那块和氏璧原璞的禀性是任何人无论如何都难以撼动的。

知识链接 灵璧九顶山

九顶山是天下第一奇石——灵璧石的产地，位于江苏省睢宁县与安徽省灵璧县交界处，海拔188.3米，东北走向，长22千米，面积约37平方千米。地处黄淮平原，因其有九个顶峰而得名“九顶山”。九顶山不算高，但其在黄淮平原拔地而起，于是人们觉得它很高，当地有民谣："九顶山，四十五里不见天，对着太阳吃棵烟。"

流经九顶山的废黄河

九顶山秋色

（三）荆山地望即九顶

九顶山是否就是古人记述里的荆山呢？笔者认为此荆山就是现在的九顶山。这是因为历史上荆、楚通常是不分的。

"荆楚"或"楚荆"作为一个特定的称谓已经沿袭3000多年了。如春秋成书的《诗·商颂·殷武》说："维女荆楚，居国南乡。"东汉许慎著《说文解字》释荆："楚，木也，从刑声。"释楚："楚，丛木也，一名荆也。"再者，古时地广人稀，地名、山名都很少。从广义上说，上古时期古人典籍里的楚山、荆山可以是九州之内的任何一座长着"禾木"的山。所以，荆山也就是楚山。

况且，彭祖在原始社会末期时就在徐州建大彭氏国，在春秋战国之前就已是天下的"九州"之一了，它有着6000年的文明史。在卞和那个时代，徐州是物流和交通相当发达的"大城市"。沛水、沂水、汶水也早已名闻天下，但彼时的九顶山还无名无姓，更何况徐州距离九顶山不足60里，卞和把"进宝"之地的九顶山说成是"沂水滂沛"附近的荆山是能够服众的。

成书于周秦之际（约公元前770—前476年）的《尚书》列举九州上贡的

物品，徐州有"泗水浮磬"，不也是把距离徐州数十公里之外的磬石山盛产之磬石说成是徐州"泗水"的"磬"吗？

知识链接　泗滨浮磬

泗滨浮磬出自《禹贡·徐州》，意为"泗水边上的可以做磬的石头"。编磬用的石料，以古徐州的泗滨浮磬质地最好，这在我国最早的历史文献《尚书·禹贡》有明确的记载："海、岱、淮惟徐州……厥贡惟土五色……泗滨浮磬。"我国著名训诂大师孔颖达解释泗滨浮磬说："泗滨，泗水之滨。石在水旁，水中见石，似石水上浮然。此石可以为磬，故谓之浮磬也。"汉代经学家孔安国考证为徐州东南60里处的吕梁，"水中见石，可过吕县南"。清《禹贡锥指》说得更清楚："磬石盖突出吕梁水中，历年已久，水上之石采取殆尽，余没水中。"

（四）天下一同抱璞地

这里，也许有人质疑徐州附近的九顶山不是古楚地。

从大量的史料我们可以看出，从古至今绝大多数的卞学研究者认为卞和是楚国人。对于这一观点笔者是赞同的，但仅以此认定和氏璧就是产自古楚国，就有失偏颇了。如章鸿钊先生在《石雅》中推断："楚即荆襄之地，今亦未闻产玉，和氏乌而得之？"但我们经过考证认为，和氏璧原璞可以产自古楚地，也可以产自其他诸侯国。也就是说，和氏璧原璞完全可以来自卞和作为一个石匠的活动范围之内，即来自卞和曾经到过的任何异国他乡。

知识链接　田父之石

在华夏五千年文明史中，出现在中华大地上的怪石共有两块：一是被笔者破译的和氏璧原璞；二是田父之石。

战国时期著名学者尹文著《尹文子·大道下》记载了魏国田父的宝玉：

魏田父有耕于野者，得宝玉径尺，弗知其玉也，以告邻人。邻人阴欲图之，谓之曰："此怪石也。畜之，弗利其家，弗如复之。"

灰底白灵玉原石，来自九顶山。该石有白灵玉约2公斤却被20多公斤的灰色灵璧石包裹得严严实实。如果此石不破开一面，恰如古人所言"田父之石"及"和氏之璞"："弃之荒野与百石相类"也。

田父虽疑，犹录以归，置于庑下。其夜玉明，光照一室。田父称家大怖，……遂而弃之于远野。

邻人无何盗之，以献魏王。魏王召玉工相之。玉工望之，再拜却立，曰："敢贺大王得此天下之宝，臣未尝见。"

王问价。玉工曰："此玉无价以当之。五城之都，仅可一观。"魏王赐献玉者千金，长食上大夫之禄。

本人认为，此玉当属春秋早期的魏国。这里记载关于"天下之宝"的评价是"此玉无价以当之，五城之都，仅可一观"的估价和"魏王赐献玉者千金，长食上大夫之禄"的国家奖励，都大大提高了"田父得玉"事件的可信度。

笔者经考证后认为春秋早期的魏国就在当下苏皖交界的九顶山附近，因此，我们有充分的理由认定田父之石与和氏璧原璞一样也是白灵玉原石。这里不再赘述。

卞和所经历的三代楚王属于春秋早期，也即是周文王分封七十二诸侯之后不久的公元前750年前后，彼时，华夏九州都属于周天子统一领导，各诸侯国之间是兄弟姐妹关系，相对较为团结，因此，不同诸侯国之间人员的交流是通畅的、自由的、广泛的。吕思勉在《先秦史》中曰："其贩运于列国之间者，则为各地方所特有之物。""惟如是，故与外国接境之处，商利遂无不饶。"下文将提到的在古楚国境内出土的大量精美石磬就来自异国他乡的灵璧县磬石山也是一个很好的例证。

所以说，彼时卞和作为一个职业石匠，游走于与周朝较近的各诸侯国之间是很正常的。

在卞和那个时代，盛产白灵玉的九顶山是否在楚地，现在说法不一，很难考证。但有一点可以肯定，如果九顶山不在古楚地，其距离古楚国边界最多也不会超过百公里。据史书记载，比卞和小大约一个甲子年的中国道教鼻祖老子就是楚国苦历县人，据现代考古证实，老子出生在现在的安徽省涡阳县，曾在周天子的国都洛邑（今河南洛阳）任藏室史（相当于国家图书馆馆长）。老子的中宫是在距离涡阳县城西北5公里正殿村，东宫在涡阳县城东17.5公里的曹市镇。中宫和东宫旧式宫殿及各个朝代的名人题字目前仍依稀尚存；而河南鹿邑则是老子的西宫。我们就以曹市镇作为古楚国的东部边界，再向东不到100公里就是九顶山，如此之短的距离完全在卞和的活动范围之内。

卞和正是在九顶山购买石料或者制作石器时发现了普普通通的石头里包裹着旷世奇玉，于是神不知鬼不觉地抱璞入楚国的。唐代大诗人李白在其著《古风》中还有"抱璞入楚国，见疑古所郑。良宝终见弃，徒劳三献君"的记述。

如果九顶山在卞和时期属于古楚地，此时，九顶山周围地广人稀，九顶山还无名无姓，卞和把抱璞之山称之为"荆山"或"楚山"自然在情理之中，这与韩非子在《韩非子·和氏》中记述的"楚人和氏得玉璞楚山中"就完全吻合了。

因此，不论九顶山的名称如何，也不论九顶山是否属于古楚地，丝毫都不会影响白灵玉原石就是和氏璧原璞这一历史事实。卞和的抱璞路就是一条从九顶山通往楚国古都的曲折之路。

知识链接　涡阳东太清宫

东太清宫位于涡阳县城东17.5公里的曹市镇，宫前有明熹宗天启二年的碑，未说是创建还是重建。清宣统元年（1909），涡阳县人袁大化重修，并树碑记

老子故里涡阳天静宫

事，从碑文中得知原宫有正殿 3 间，老子故里涡阳东天静宫供老子骑牛像；正殿西有三宫殿，前为祖师殿，东有流星园，西北建圣母庵。现存前后大殿各 3 间。

涡阳县曹市镇东太清宫

东太清宫后花院千年皂荚树

第五章

走出和氏璧

一 从玉人到石匠

走出和氏璧就是要走出有关和氏璧迷信的阴影，站在科学的制高点上来俯瞰和氏璧的来龙去脉，得出一些符合客观规律的结论，还历史以真相。

卞和的职业是什么？多数卞学爱好者认为卞和是"玉人"，但也有少数人认定卞和是"石匠"。前者多为官方文人，后者多为民间传说。到底卞和是玉人还是石匠？为了厘清这一事实，让我们先从这两个职业的源头说起。

玉人者，宫中管玉之人也。众所周知，在经历了极其漫长的原始社会后，在夏、商、周时期形成了中国最早的国家，并构建了延于后世 2000 多年的统治理论的最初基石——典章制度，特别是周朝初年周公旦制定的《周礼》，更是把玉论写进了典章。依据《周礼》之规定，对玉的开发和利用是一件和国家政治密切相关的大事，是国家政权机构的组织法则和统治法则中不可缺少的重要内容。于是，朝廷中设置了相当于今天各部部长的"典瑞""玉府"等职。随之，周朝的各诸侯国的宫廷也跟着专设了"玉人"或"玉府"一职，负责政府机构对玉的管理范围，包括玉石原料

石臼

石磙

的开采范围、制作规范及各种不同礼仪场所的运用规格和运用形式，等等。因此，在卞和那个时代，玉的开采、制作到使用都是由宫中玉人来统管的。卞和献璞时，楚王让玉人相之，说明卞和不是玉人，若是玉人，则呈献美玉给楚王是分内之职，也就不存在"献宝"这一说了。

知识链接　曾侯乙墓之编磬

1978 年 8 月，中国考古学家在湖北省随县擂鼓墩发掘了一座距今 2400 多年的古墓——曾侯乙墓。墓中出土了具有古代楚文化特色的编钟、编磬、琴、瑟、箫、鼓等 120 多件古代乐器和大批文物。同时出土的曾侯乙编磬总共 32 枚，分上下两层依次悬挂在青铜磬架上。全套编磬用石灰石、青石和玉石制成，音色清脆明亮。

编磬

编磬

所谓石匠，就是分布在社会各阶层的制石业者。从新石器时代晚期的石斧、石铲、石刀等石器，发展到 2000 年之后的周朝，石器制造业已经相当发达了，从百姓日常生活中的石臼、石磨、石碌到上层社会中使用的时钟、石磬等应有尽有。1978 年，在原古楚国境内的湖北省随县曾侯乙墓中出土的 32 件编磬就是古代的一种打击乐器，常与编钟相配合演奏"金石之声"。经考证，该编磬就是用灵璧石制成。曾侯乙编磬是迄今发现的规模最大、制作工艺最高超的石制乐器。从现代田野考古发现的古楚国境内的大量极其精致的石器可以看出，卞和时代的制石业非常兴盛和发达。

之所以认定卞和是石匠，主要是基于以下四点理由：

（1）石匠以雕琢石头为生，所接触的当然全部都是普普通通的石头，而和氏璧原璞从外表上看也是普普通通的石头，卞和在雕琢该类石头时发现了隐藏在其中的白玉，这是顺理成章的。

（2）石头的分布范围广，石匠的流动范围大。春秋早期各诸侯国都是周朝的封国，相互之间的关系较为友好，石匠不仅可以在本国经营甚至还可以到其他邻国去谋生，石匠接触的石种多，发现和氏璧原璞的概率大；而玉人接触的玉种相对较少，即使是一个制玉官员也往往只能直奔玉矿而去，更不会碰及像和氏璧原璞那样外表粗糙的石头。

灵璧奇石 凤回头

灵璧奇石 洞天福地

（3）商周时期是我国奇石文化的形成和发展时期，表现特点：石头成为审美对象，怪石成为贡品。《尚书》载，九州上贡的物品，徐州就有"泗水浮磬"，此磬就是灵璧石；《枸橼篇》中曰"泗水之滨多美石"，此美石指的就是灵璧石。由于春秋战国早期灵璧石被大量开采利用，卞和身为楚国的一代名石匠，有更多的机会接触灵璧石，从而为发现生长在同一座山附近的白灵玉原石进而进行研究、献璞创造必要的条件。

（4）从韩非子的记述分析，如果卞和是一个玉人，楚王再让玉人相之，不符合一代法家鼻祖韩非子一以贯之的严谨的治学思路，所以，无论从文理还是法理都缺乏必要的依据和支撑。因此，卞和的社会职业是以石为伴、以石为生的石匠。

知识链接　玉振金声

玉振金声是指以钟发声，以磬收韵，奏乐从始至终。比喻音韵响亮、和谐。

在史前中国的社会活动中，玉石还曾有另一重大作用，即作为巫术礼仪中原始歌舞的打击"乐器"。比如，磬就是在石犁片挂起来敲打的基础上发展起来

石磬（灵璧县磬石山下供游人撞击）

的，开始是单一的特磬，仅作为号令鸣器之用，后来逐步发展成了编磬。中国古代有著名的华原磬和泗滨磬的记载，琢制华原磬的磬玉就取材于古华原城东磬玉山（今陕西耀州区东山）。泗滨磬即《尚书·禹贡》所说的"泗滨浮磬"，产于泗水之旁，即今安徽灵璧县。

二　从凤凰到山鸡

不少人总愿意把卞璞与凤凰联系在一起，那么卞璞与凤凰到底有没有必然的联系呢？

知识链接　凤凰

"凤"和"凰"在神话中原指两种不同的神鸟，凤是风鸟，凰则是光鸟，后世人通常将凤和凰解释为雌雄不同的同一种鸟。凤和凰不是现实中存在的鸟类的别称或化身，是因为有了"凤凰"这个概念以后，人们才试图从现实中找到一些鸟的形象，去附和、实体化这种并不存在于现实之中的凤凰。凤凰在历史上、现实生活中，都是不存在的，和龙一样，它是人类想象出来的，是人与神之间的一座桥梁。人类借助于龙、凤，和大自然进行沟通。凤凰是原始社会的人类对神灵的虔诚、崇仰而创造出来的一种神性的动物。

传说中的凤凰

雉

　　凤凰是中国人心目中的一只神鸟，这种鸟是否存在，自古至今并无定论。但对于与和氏璧有关联的凤凰说，笔者认为这所谓的凤凰其实就是"雉"。如南朝梁代刘勰著《文心雕龙》记载："楚人以雉为凤，魏氏以夜光为怪石。"这里的雉，就是山鸡。唐代大诗人李白也提到了卞和发现和氏璧与有关山鸡的传说相联系，如李白诗《赠范金卿二首》（其一）曰："辽东渐白豕，楚客羞山鸡。徒有献芹心，终流气血啼。"王春云博士认为，这里的"山鸡"当然不是凤凰，但如果解释为"凤凰"的具体形象，也合情理。并且说，至少从唐代起，

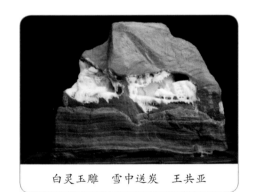

白灵玉雕　雪中送炭　王共亚

卞和在东周早期发现和氏璧与楚客担"山鸡"的传说已经开始发生联系了。但到了明代及以后就演变成了凤凰落于青石、卞和发现和氏璧的传说了。人们之所以乐见"凤凰"与"青石"的联系，主要源于凤凰这种神鸟是吉祥之物和凤凰不落无宝之地的传说。我之所以赞同山鸡说，是因为此说比较符合客观现实，自然迷信的色彩就少。话又说回来，不论是凤凰还是山鸡都不会影响我们研究的结论，因为无论是什么会飞的鸟，都喜欢落在高处，白灵玉原石从高处的原矿区滚落到半山腰或山下坡度较缓的地方总是高于地面的，"凤凰"落在高于地面的青石之上是鸟的特性使然，循着"凤凰"的足迹找

到青石从而得璞是顺其自然的事。

为什么一些"学术界"人士，不愿静下心来做深入的科学研究，总是罔顾事实，偏爱拿"凤凰传奇"说事，甚至演绎出凤凰叼来一块青石落在某某山上被卞和发现的故事呢？主要原因是该地不产玉或者说不产像和氏璧那样的美玉，宣扬或编造这么一个离奇的传说可以给自己带上一个"学者"的桂冠、给家乡贴上一个"和氏璧"的标签，沽名钓誉、哗众取宠而已。这种不信马列信鬼神的生拉硬拽之人，自古至今均有之。

知识链接　王洪顺大师

王洪顺，1972年生，中国玉石雕艺术大师，国家艺术品雕刻高级技师，中国美玉文化专业委员会会员，中国玉石器百花奖、神工奖、玉龙奖金奖得主。江苏徐州玉文化研究会副会长，徐州民间文艺家协会会员，徐州祥石玉雕工作室艺术总监。

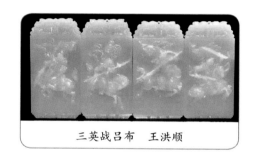

三英战吕布　王洪顺

19岁进徐州玉雕厂，1992年在扬州玉器厂培训深造，2002年成立祥石玉雕工作室。作品构思巧妙，注意发掘玉材的质地美，把传统题材和创新的艺术表现相结合，国画意境的融入形成了自己独特的艺术风格。作品《三英战吕布》曾在2010年上海世博会上展出。

三　从顶礼膜拜到二刖其足

中国被誉为玉的王国，这源于我们的祖先以石为伴的漫长进化史。当我们的先人把美丽的石头从普通的石头中分离出来尊之为玉并进行顶礼膜拜之时，中国的玉文化作为中华文化的一个重要分支就深深地根植在华夏儿孙的基因图谱里而开始代代相传。这就是中华民族有别于世界上其他任何一个民族而独有的深深的玉石情结，而卞和正是烙上这种印记的典型代表。

知识链接　玉的起源

人和动物的根本区别，就在于能否制造工具。从猿到人的进化过程，即是学会制造和使用工具的过程。而对于工具的使用，追本溯源，还是从拣取自然界中存量最多、获得最便捷的树枝和石块开始。上古时期，人们浑浑噩噩，各据其原生地，采用自然的石块，经过人工打制，使其便于使用和更加锐利，以便采集植物和猎取兽类，这就是石打石的阶段。我们的祖先正是从这个阶段开始发现和使用了比石头更美的玉的材料，这是一个很自然的过程。古人类对色彩的识别，本来就是原始的审美形式之一。不同的色彩作用于人的视觉感官，自会产生不同的生理感受。先民们在拣取石材的时候，遇到那些色泽晶莹、纹理别致、分量较重的"美石"，便会产生喜好和珍惜之感。他们对于这种稀奇难得的材料，在加工时便会特别重视，进而

白灵玉山料

黄白灵玉雕　观音　王共亚

钻孔穿绳，随身佩戴。久而久之，人类便能够识别、使用和保藏玉石制品。这就是人和玉最早的接触，从这时开始，玉就产生了。所以，我们的祖先认为"美石"就是玉。

（一）从玉的功用看三献

玉的天地之精说最早起源于八卦。古代传说伏羲画八卦，文王作《周易》。《周易》中对于天地、阴阳及其和玉的关系有了较明确的论述。《荀子·天论篇》中说："在天者莫明于日月，在地者莫明于水火，在物者莫明于珠玉。"《财

货流源》曰："玉，天地之精也。"

知识链接　玉的概念

关于玉的概念，一般有以下几种说法：就地位来说，玉被推崇为万物主宰；就成因来说，玉被解释为天地之精；从礼仪来说，玉被标榜为道德楷模；从玉的主要功能来说，玉被说成能够辟邪除祟和延年益寿。

古人用天地之精华生万物的思想来解释玉的起源，用阴阳对立的观点来说明玉的本质和作用，从而把玉推崇为万物之尊，赋予其神奇的魅力、力量和美德。另外，古人认为玉能代表天地四方及世间帝王，能够沟通神与人的关系，表达上帝的意志，是天地宇宙和世间祸福的主宰。

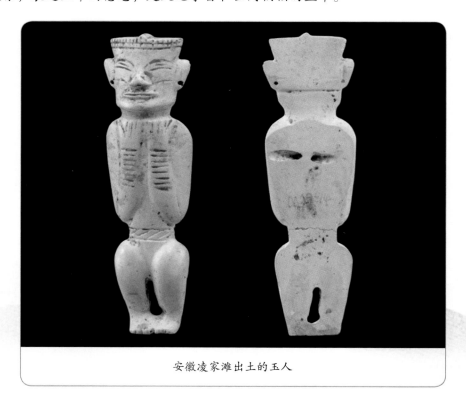

安徽凌家滩出土的玉人

《诗经·大雅·旱麓》有"瑟必玉瓒"之句，意为保持祭祀用玉瓒的洁净。可见，没有玉，求神也是不会灵的。到了清代，康熙亲自作序的《钦定渊鉴类涵》

就有这方面的收集，如"王者得礼制，则泽谷之中有白玉焉"，"君乘金而王则玉见于深山"。

若干文献记载都反映了这样一个事实：在古代先民的观念中，人的世界和神的世界都要靠巫觋的仪式沟通信息，传达意志，而巫觋在举行仪式时手中执的玉帛代表的是天地，是神灵。正因为如此，玉被尊为神的象征，享受着上至帝王下至奴隶的崇拜。

由于玉特别是白玉的神奇功用，白玉成为帝王的专用之物，对普通百姓来说属于禁用之列。

笔者认为，卞和正是受当时玉的美丽传说和玉的神奇功用的影响，抱着对天、地、神的尊崇，对楚王的忠贞，才把自己发现的宝玉奉献给了自己的国君的，而那些认为卞和献璞是为名为利的说辞不是那个时代人们的心路诉求，而是后来人心态扭曲的自我写照。

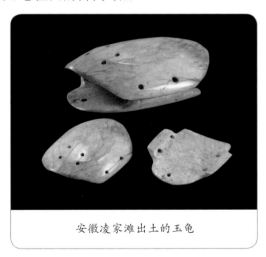

安徽凌家滩出土的玉龟

安徽凌家滩出土的玉斧

（二）从和氏璧原璞的固有特征看二刖其足

西汉时期，淮南王刘安所著《淮南子·修务训》对和氏璧记载如下："鄙人有得玉璞者，喜其状，以为宝而藏之。以示人，人以为石也，因而弃之。此未始知玉者也。故有符于中，则贵是而同今古；无以听其说，则所从来者远而贵之耳。此和氏之所以泣血于荆山之下。"

知识链接　玉崇拜

玉崇拜是人类对玉从珍爱出发寄予的无尽的希冀，它象征着某种精神力量，以无可抗拒的神异存在于历史之中。古代中的英雄世系和玉的密切关联是古代玉崇拜表现形式之一，是神权和人权偶像崇拜的反映，属于政治崇拜的范畴。由此可知，虔诚的玉崇拜是人类对玉从珍爱出发寄予的无尽的期冀，因此，像玉璧那样的玉器曾和龙凤一样，曾经是号召的旗帜，并与国家意识融合起来，最终成为全民族心目中共同的信仰，被列入国家的典章制度。

玉龙

为什么会出现"以示人，人以为石也，因而弃之"的现象呢？这还要从白灵玉原石的固有特征谈起。

所谓白灵玉原石，就是白灵玉主矿带的石料，经过数万年甚至数亿年的地质运动（如地震等），脱离了母矿滚落到山下或更远的地方，又经过数万年的严寒酷暑、风吹日晒而形成的石头被称为原封石，简称原石。白灵玉原石的特点是表面凹凸不平、大小不一，多以扁球形或圆柱形为主，有小若核桃者，有大若径尺者；有裸露白玉者，也有被石头包裹得严严实实，一点白玉都看不到的。卞和正是看到了裸露白玉的原石，后进

超大型白灵玉田料（极罕见）

菜园一角的白灵玉原封石

行研究，从而发现了白灵玉原石的特点，即几乎所有的白灵玉原石表面都有极少数、极细小的针状的刺，我们习惯称之为玉刺，也就是说，只要在九顶山这个山系里发现有玉刺的石头，里面肯定会有温润细腻、洁白如雪的美玉。当时，只有卞和知道这种石头的秘密，卞和以外的其他人不明就里，这就是"以示人，人以为石也，因而弃之"的缘由。白灵玉有山料、流水料、籽料和田料。白灵玉的山料是近几年当地人开山炸石发现的，非常隐蔽，卞和那个时代是不可能见到的。山料和流水料由于流水的冲刷都裸露着白玉，这与古人对和氏璧原璞的描述不相符。白灵玉原石滚落到农田里的叫田料，滚落到半山腰及山脚下的依然是原封石，因此，田料是原封石的一个品种。原封石最容易被发现，加之其"来路不明"的神秘感，这就是卞和所抱之璞。

我家的菜园里放着几块白灵玉原石，几年来，去我家菜园看花、取菜的人不计其数，但竟没有一人能看出它里面藏有白玉。正是由于白灵玉原石这普通而又独特的"个性"，才造成了卞和被两刖其足。这是卞和没有想到的，也是千百年来天下人难以释怀之所在。

也许有人会问，既然卞和知道石头里藏有美玉，为什么不说明缘由而一味地隐瞒真相从而招致飞来横祸呢？这就是那个时代人们对白玉的盲目崇拜的结果。其一，白玉被认为是天地之精，任何人不能亵渎；其二，彼时的白玉被认为是上天赐给天子的专用之物，为统治阶级所独享，普通百姓是不可以取用的；其三，卞和本人也从未怀疑过该石是"天外来客"。假如卞和说明自己曾"解剖"过该石头，不仅会招致飞来之祸，更无法显示出自己有"隔石相宝"的超人之处，因此，卞和只能故弄玄虚、欲盖弥彰，被"二刖"其足而了之也！

知识链接　六器与六瑞

六器是玉制的礼器，专用于礼拜神灵。六瑞是瑞信玉器，也属于礼器范畴，是朝廷命官的凭证。因《周礼》包含有当时的政治、思想、制度、礼仪等一整套社会政治理论和法规，是

玉琮

广义的礼，所以六器和六瑞都被称为礼器。

《周礼》曰："以玉作六器，以礼天地四方，以苍璧礼天，以黄琮礼地，以青圭礼东方，以赤璋礼南方，以白琥礼西方，以玄璜礼北方。皆有牲币，各放其器之色。"

玉玦

《周礼》亦曰："以玉作六瑞，以等邦国：王执镇圭，公执恒圭，侯执信圭，伯执躬圭，子执谷璧，男执蒲璧。"

六器是专门用来祭祀天地和东南西北四方之神的。

六瑞是职官符信玉器，由天子按职级颁布发放，借以表示朝廷命官和各方诸侯的大小尊卑。这一切等级都是非常严格，万万误用不得的。

六器和六瑞是中国历史上政治用玉。

四　从封侯到不就

据《琴操》记载："王使剖之，中果有玉，乃封和为陵阳侯。卞和辞而不就而去。"王春云博士认为，陵阳侯，相当于万户侯，即大约十城的规模。陵阳，汉代曾置县，地址在今安徽省青阳县陵阳镇。两年前，笔者曾前去考证过，现陵阳镇北有汉县衙遗址，古城墙遗址也清晰可见。

历史上，有些人总是片面地理解卞和的思想境界，写下了"和玉悲无已，长沙宦不成""衣挥京洛尘，完璞伴归人""泣连三献宝，疮惧再伤弓"之类的伤感诗句。我们认为，任何以抱璞喻怀才不遇的嗟怨，都是对卞和精神的片面理解。

和氏在人迹罕至的深山老林发现玉璞不是据为己有，首先想到的是把它献给朝廷，说明他思想境界出众；和氏尽管历经磨难，但他坚持真理的初衷不改，说明他意志超群。正是这出众的境界、超群的意志，共同构成了和氏这个贞士的崇高形象。如果说加官晋爵是地位和财富象征的话，那么卞和的贞士品德则更是无价的！卞和"吾非悲刖也"一语所表现的正是对个人的遭遇无怨无悔的精神气节，不贪图名利的崇高品德。这就是卞和辞而不就的内因之所在。

张正明先生在所著《楚史》中曰："楚人有怀旧、念祖、爱国、忠君的传统。"是的，卞和得璞，不自存，不别投，一定要献给楚王，虽遭刖足而不悔，正是其爱国、忠君的写照。

卞和抱璞图

五 从价值连城到倾国倾城

据司马迁著《史记·廉颇蔺相如列传》记载，公元前283年，赵惠文王得和氏璧，秦昭襄王闻之，使人遗赵王书，愿以十五城易璧。秦王愿意用十五座城池来换取一块和氏璧，这就是和氏璧价值连城的由来。紧接着发生了蔺相如完璧归赵之事。但为了得到和氏璧，强秦并没有善罢甘休。公元前260年，秦大将白起大破赵军于长平，进而围困邯郸，赵国危在旦夕，于是赵孝成王请说客苏代带璧入秦解了邯郸之围，和氏璧于是年入秦。最终秦始皇独拥和氏璧而一统天下。就是这样一块浓缩着春秋战国的血泪史和荣耀史的旷世奇玉却在秦朝以后神秘消失了。它的去向让古往今来的无数历史学家、文物学家难以释怀。

关于和氏璧的最终归宿，大致有两种说法：一是制成了传国玉玺；二是作为随葬品埋在了秦始皇陵内。

据史料记载，公元前228年，秦破赵，得和氏璧，旋天下一统。秦始皇称帝后，命咸阳玉工王孙寿将和氏璧精研细磨，雕琢为玺。秦丞相李斯篆书"受命于天，既寿永昌"八字，字形如龙凤鸟之状。这一说法不能服众的地方是，在秦代以后，至少在整个汉代、三国、西晋与东晋这650年的漫长时间里，人们看不到任何有关和氏璧与传国玉玺之间联系的记载。直到650年之后的北魏时期，才有北魏学者崔浩记有"李斯磨和璧作之，汉诸帝世传服之，谓传国玺"。这还是唐玄宗年间著名学者张守节在《史记正义》中的转引。试想，至少在两汉时期人才济济、学者如云，可竟然没有片言只语谈到和氏璧与传国玉玺之间有什么联系，这一坚强有力的事实充分说明和氏璧与传国玉玺之间的联系纯属误传。况且和氏璧是一种扁圆形且中间有孔的玉器，很薄，最厚的也不过两厘米左右，是不可能磨制成"方圆四寸，上纽交五龙"的玉玺的。

和氏璧作为随葬品埋在了秦始皇陵内。诸多文献如《史记》《汉书》记载，秦始皇陵墓中"宫官百室，奇珍异宝，充满其中"，因此，有学者据此认为秦始皇陵墓中至少珍藏着中国自三皇五帝以来，尤其是夏商周三代近2000多年

秦始皇陵

漫长时期所积累的差不多全部中华文明的宝藏，千年奇珍和氏璧自然也在其中。

但笔者认为，和氏璧除了有可能埋在秦陵外，还有魂归故里、遗失在古灵璧垓下的可能。据北魏郦道元的《水经注·渭水》记载，公元前206年，项羽入关盗秦陵，"以三十万人，三十日运物不能穷"。试想，假如和氏璧埋在了秦始皇陵内，是否也成为项羽的"战利品"呢？假如和氏璧没有埋在秦陵而是留在秦宫，贪财成性的西楚霸王入关时把整个秦宫洗劫一空，名噪天下的天字第一号国宝和氏璧不可能不在其中。

倘若如此，对千古枭雄楚霸王来说，价值连城的和氏璧与倾国倾城的绝代美人虞姬就是一对珠联璧合的绝配了！

但是，天并不遂人愿，在秦末历时四年的楚汉战争末期，也就是在汉高祖五年即公元前202年，项羽大破汉军、刘邦落荒逃遁仅两年，形势急转直下，霸王被围于灵璧的垓下，陷入重围。在这之前，集财富与皇权于一身的国之重器和氏璧肯定还在惜财如命的西楚霸王手里绝不会遗失。垓下之战，项羽中了韩信的十面埋伏，直至兵少粮尽，四面楚歌。

夜幕帐中，面对美人虞姬、珍宝和氏璧，项羽慷慨悲歌道："力拔山兮气盖世，时不利兮骓不逝；骓不逝兮可奈何，虞兮虞兮奈若何！"

项王歌罢而泣，虞姬歌而和之："汉兵已略地，四面楚歌声。大王意气尽，贱妾何聊生！"项王泣数行下，左右皆泣，莫能仰视。

虞姬歌罢，拔剑自刎；项羽匆匆埋葬虞姬之后突围，仓皇南走。

知识链接　虞姬墓

虞姬墓在灵璧县城以东7.5千米与泗县交界处，属省级重点文物保护单位，墓园占地3942平方米。墓园外有门楼、围墙，内设展厅，至今墓碑尚存，刻有"巾帼千秋"四字。旧有联语："虞兮奈何？自古红颜多薄命；姬耶安在？独留青冢向黄昏。"灵璧虞姬墓，有南宋诗人范成大题咏："刘项家人总可怜，英雄无策庇婵娟。戚姬葬处君知否？不及虞兮有墓田。"北宋熙宁四年，即公元1071年，苏轼赴杭州就任通判，途中作《濠州七绝》，其一为《虞姬墓》："帐下佳人拭泪痕，门前壮士气如云。仓黄不负君王意，只有虞姬与郑君。"

虞姬墓

要知道，项羽中的可是十面埋伏之计，他自知突围时性命难保，不可能还把贵重物品带在身上，只有依依不舍地把积攒了一生的天下奇珍连同自己的美人偷偷地埋藏起来。

就这样，一块和虞姬同样美丽的倾国倾城之璧与霸王诀别，遗落在项羽败北的垓下——古灵璧。

倘若如此，和氏璧生自古

白灵玉雕　唐韵　林继相

灵璧最后又魂归故里，这也许是历史的机缘巧合；卞和在皖北抱璞而最后又被封为皖中的陵阳侯，这也许也是历史的机缘巧合；但雕塑家林继相偶得一石，去皮后用内部的白灵玉做了一对佳人《唐韵》，无数玉石大家登门出高价欲购之，都被其一一婉言谢绝。《唐韵》这种与和氏璧由石到玉的升华而极其相似的身世，难道也仅仅是历史的一种机缘巧合？

这说明，2700多年前的卞和及其和氏璧与皖北有着剪不断的历史渊源！

知识链接　透雕

在浮雕作品中，保留凸出的物像部分，而将背面部分进行局部镂空，就称为透雕。透雕与镂雕、链雕一样都有穿透性，但透雕的背面多以插屏的形式来表现，有单面透雕和双面透雕之分。单面透雕只刻正面，双面透雕则将正、背两面的物像都刻出来。不管单面透雕还是双面透雕，都与镂雕、链雕有着本质的区别，那就是镂雕和链雕都是360度的全方面雕刻，而不是正面或正反两面。因此，镂雕和链雕属于圆雕技法，而透雕则是浮雕技法的延伸。

白灵玉雕　黄宾虹　林继相

白灵玉璧　王洪顺

下篇　解析白灵玉

第六章

灵璧石与白灵玉

一 史说灵璧

灵璧县，别称霸王城、石都，安徽省宿州市辖县，位于安徽省东北部，东临泗县，西连宿州市埇桥区，南接蚌埠市固镇、五河两县，北与江苏省徐州市铜山区、睢宁县接壤。

灵璧县城夜景

灵璧县总面积 2054 平方公里，总人口 125 万。县境内平原面积占总面积 89.6%，有大小山峰 144 座，大小河流 10 条，占全县总面积 9%。灵觉山海拔 189.7 米，是全县最高的山。属暖温带半湿润季风气候，四季分明，光照充足，年平均气温 14.5℃，无霜期 210 天，年均降水量 854.7 毫米。

处于徐州都市圈的灵璧有楚汉相争的垓下古战场，是中国民间文化艺术之乡、钟馗故里、中国观赏石之乡、中华奇石的主产区，灵璧石被誉为中国四大观赏石（灵璧石、太湖石、昆石、英石）之首。灵璧的虞姬、奇石、钟馗画，素有"灵璧三绝甲天下"之誉。

200 万年前，灵璧地区就具备了猿人或人的生存条件。6000 年前，灵璧人过着以狩猎和渔业为主、以种植业为辅的生活。3000 年前，灵璧地区还处于古泗水之中，磬石山像是飘浮在泗水之中。成书于 3000 年前的《尚书·禹贡》称磬山为"浮磬"或"泗滨浮磬"。1953 年，安徽省博物馆工作人员在南沱河工地，发掘出一个约百万年前的长约4米的一根象牙化石（今陈列于安徽省博物馆）。1953年，先后在蒋庙村和南沱河一个无名的谷堆处，分别发现两个原始社会母系氏族公社村落遗址，并在其遗址中发现石斧、石刀、鱼网坠、骨针、鱼钩、粮窖（内藏稻子）和大量的贝壳等。1987年，九顶区朝阳集和大丁公山东一带发现属于第四纪哺乳动物化石群体。

灵璧历史悠久，数千年来，隶属多变。

尧（前2347），灵璧属夏邱。《舆地志》："尧封禹为夏伯，邑于夏邱。"

夏禹（前2197—前1966），灵璧属徐州。《禹贡》："海、岱及淮惟徐州。"即淮以北为徐州，灵璧在淮北，可知灵璧属徐州。

灵璧县的奇石小镇

灵璧奇石 天狗望月

周（前1122—前711），灵璧属青州。《贾氏疏》云："周公以《禹贡》之徐州为青州。"灵璧在淮泗之间。

周末，灵璧初属宋地，及魏、齐、楚共灭宋，地属楚，灵璧属楚东境。

秦（前221—前206），并灭六国，改天下为三十六郡，灵璧属于泗水郡。

西汉（前208—8），更泗水郡为沛郡，分置临淮郡。《地理志今释》："汉置谷阳县属沛郡；又汉置洨县属沛郡。"《地理志》："洨县在县西南六十里。"

东汉（25—220），升沛郡为沛国，临淮郡为下邳国。《后汉书·郡国志》："沛国所辖二十一城，其中有洨、有虹、有谷阳、有符离。下邳国所辖十七城，其中有下邳、夏邱。"今按灵璧初属于虹，其东南有洨与夏邱之地，西南有谷阳之地。由此可见，当时灵璧四面皆有诸县之地。

曹魏（220—266），《补疆域志》："魏明帝，景初二年县属汝阳郡。"

西晋（266—316），《地理志》："洨县属沛国。"

东晋（317—420），《清统一志表》："洨县属沛国。"此间设置郡县，置阳平郡治管陶县。《东晋疆域志》："晋元帝置。"在今

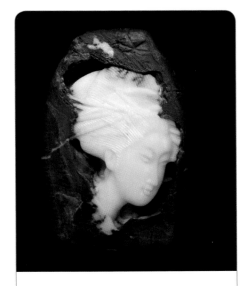

白灵玉雕　少女情怀　林继相

灵璧南。后置阳平县属阳平郡。《地理志今释》称在今县地"置濮阳县属阳平郡"；《宋书·州郡志》：在今县地。

南朝宋（420—479），阳平郡领管陶、阳平、濮阳三县。

南朝齐（479—501），地属魏。永泰年间，于谷阳城置谷阳镇。

南朝梁（502—557），属仁州治赤坎城（城在今宿州南）。梁，天临八年置赤坎城。《寰宇记》："太清三年入于东魏。东魏仁州郡领：临淮二县：已吾（一云即灵璧）、义城。"

南朝陈（557—589），属谷阳郡，临淮县。《隋志》："谷阳、后齐置谷阳郡。开皇初郡废，又有已吾、义城二县，后齐并为临淮县，大业初年并入。"

隋（581—618），谷阳、符离两县属彭城郡。下邳、夏邱两县属下邳郡。《隋书·地理志》："彭城县领县十一，内有谷阳，符离县。下邳郡领县七：有下邳、夏邱。"

唐（618—907），唐高祖武德四年（621），以夏邱、谷阳置仁州，又析夏邱置虹及龙亢二县，武德六年（623）取消夏邱。唐太宗贞观八年（634）

灵璧奇石 远古猿人

仁州废，取消龙亢，以虹属于泗州、谷阳属于谯州（即亳州）。贞观十七年（643）北谯州废，以谷阳属于徐州。唐高宗显庆元年（656），取消谷阳，唐宪宗元和四年（809）分徐州所辖符离、蕲和泗州所辖的虹置宿州，管四县：符离、虹、蕲、临涣，属河南道。

五代十国（907—960），灵璧属宿州、泗州。

北宋哲宗元祐元年（1086），析虹县之灵璧镇置零璧县，七月复为镇。元祐七年（1093）二月复为县。徽宗政和七年（1170），改零璧为灵璧。

金宋相争期间，淮北常为双方相争之地，南宋隆兴元年（1190），李显忠率兵从濠梁（凤阳）至陡沟（今属固镇），金军右翼都统萧琦用"拐子马"来攻，显忠为之力战，遂复灵璧，入城宣布德意，不戮一人。

元初（1279），复立灵璧县属河南归德府宿州所辖。《元史·地理志》：宿州属于归德府。宿州所管领之县有四：临涣、蕲、灵璧、符离。至元二年（1265），灵璧入泗州。至元十七年（1280）又属宿州。

明洪武初年（1368），灵璧属于江南濠府（即凤阳府）。洪武七年（1374）临濠府改为凤阳府，灵璧属于凤阳府。

辛亥革命（1912）时期，州府取消改称县，灵璧直属安徽省政府，民国六年（1917），属淮泗道。民国二十年（1931），并归泗县专署。民国二十七年（1938）灵璧陷于日寇，当时属于伪徐州行政专署。民国三十七年（1948），灵璧解放，属江淮解放区第三分区行政公署。民国三十八年（1949），四月，改属皖北行署宿县专区。

中华人民共和国建立后，灵璧县仍属皖北行政专区，1952年四月改属安徽宿县专区。1956年改属蚌埠专区，1961年蚌埠专区分为滁县、宿县两专区，灵璧县属宿县专区。1971年宿县专区改为宿县地区，1972年2月宿县地区改名为宿县地区行政公署，灵璧县属宿县行政公署。1999年宿州改为市，灵璧县属宿州市。

二 天下第一石

位于灵璧县渔沟镇东部的磬石山，因出产磬石而闻名，磬石山上古迹众多，关于磬石山的众多传说，更是充满着神奇的色彩。而位于磬石山封顶附近的摩崖石刻，更是当地一处非常有名的古迹。自磬石山脚沿山间碎石小道，上到南坡，有一平台豁然开朗，平台北侧一块长16米、高2米的巨石上，刻有百余座佛教造像，这就是著名的磬石山摩崖石刻了。石刻群像中部一片模糊不清的阴文上，依稀可以辨认出"大宋至和三年雕刻"的字样，也就是说这些石刻应该完工于1056年前后，可见这片占地面积并不大的佛教造像群历史悠久。

磬石山佛教造像

灵璧石雕　兰花花　林继相

灵璧宋代采石老坑遗址

年代的久远，给造像平添了几分神秘，当地百姓对这些佛教造像，也是充满了敬畏之情。在过去，当地村里每逢婚丧嫁娶，便要在石像面前，摆上供品，进行祭拜，以求获得保佑，百姓们也亲切地把这些石像称为"石嬷嬷"。如今这些造像共计百余尊，排列整齐，大者尺余，小者寸许，或站或坐，造型多样，形态各异，每座佛像旁边还依稀可见佛名和工匠名，这是石刻中为数不多的精品。千年前的工匠用洗练的刀法和纯熟的艺术技巧，为我们展示出了一幅佛界绚丽无比的画卷，在这幅沿着历史之路铺开的画卷中，我们见到了佛祖释迦牟尼、笑口常开的弥勒佛、救苦救难的观音菩萨以及高大威猛的护法金刚等，造像细致入微、栩栩如生，让古老的磬石山也笼上了几分神秘的佛光。

"灵璧一石天下奇，声如青铜色碧玉。"产于安徽省灵璧县境内的灵璧石，其妙趣天成的诱人魅力在于它集声、形、质、色、纹诸美于一体，有着无比丰富的美学内涵和极高的观赏收藏价值，被乾隆皇帝御封为"天下第一石"。灵璧石在源远流长的中国石文化中占有重要地位，是古往今来公认的赏石瑰宝。自 20 世纪 90 年代中期以来，历史悠久的灵璧石收藏迎来了新一轮高潮。

《灵璧志略》记载："灵璧有七十峰，产有磬石、巧石、黑白石、透花石、菜玉石、五彩石等，山川灵秀，石皆如璧。"在灵璧所产的诸多石种中，扬名最早的是被称为"八音石"的磬石，《禹贡》中就有"泗滨浮磬"的记载，磬石是我国古代的石质乐器——磬的首选材料。而具有收藏意义的灵璧石，主要是指青黑磬石奇石。随着收藏的不断发展，灵璧石作为赏石的概念也得到不断丰富，逐渐包含了纹石、五彩石、透花石、皖螺石、彩色白灵璧等。

灵璧石的收藏和赏玩称得上是盛名久享。自古以来，有名的藏石家无不藏有灵璧珍品，有文献记载的就有苏轼的"小蓬莱"、范成大的"小峨嵋"和赵孟𫖯的"五老峰"。风流帝王李煜钟爱"灵璧研山"，宋徽宗还为常常把玩的一颗灵璧小峰题了"山高月小，水落石出"八字，并命人镌于峰侧，并钤御印。南宋《云林石谱》上记载石品116种，灵璧石被放在首位；明人文震亨撰写的《长物志》也有"石以灵璧为上"的评判。

明朝王守谦《灵璧石考》一文称："海内王元美（世贞）之祇园、董元宰（其昌）之戏鸿堂、朱兰嵎（之藩）之柳浪居、米友石（万钟）之勺园、王百穀（稚登）之南有堂、曾莲生之香醉居、刘际明之吾石斋、刘人龙之梦觉轩、彭政之啬室，清玩充斥，而皆以灵璧石作供。"

知识链接　王共志

王共志，1973年生人，长于玉雕世家，在家庭环境影响下，他自幼就接触到玉雕，1990年起学习玉雕技艺，擅长以传统人物题材为主的玉石器设计制作。现主要从事白灵璧石黑白巧雕制作，得到了玉石雕同行与前辈的肯定与鼓励，为玉石雕刻又增添了新的石种。

王共志经过十余年的摸索，渐渐

白灵玉雕　我心菩提　王共志

形成了自己独特的白灵璧雕刻手法和表现形式。他的白灵璧雕刻以白灵为主，借伴石而创作，特色鲜明。他会根据伴石颜色与外形，遵循"顺势而为，顺其自然"的原则，结合玉雕、石雕、根雕、木雕等工艺形式的手法，重点表现出"奇""巧"两个特征，以白灵璧和伴石颜色强烈的对比效果给人以视觉的冲击，能体现出白灵璧的材质美与制作的工艺美。

如今，共志先生已是我国工艺品雕刻工高级技师、中华玉石雕刻青年艺术家、中华全国工商联珠宝商会玉文化专业委员会常务委员、江苏省珠宝玉石行业协会理事、徐州玉文化研究会常务理事、徐州市民间文艺家协会理事，作品曾荣获中国玉石雕"神工奖"金奖、中国玉石雕刻"陆子冈"杯金奖、中国玉石器"百花奖"金奖、中国上海玉石雕刻"玉龙奖"金奖……

白灵玉雕　弥勒　王共亚

灵璧石之所以受到诸多名士如此钟爱，是因为灵璧石具有独特的魅力。

第一，灵璧石的音韵美。灵璧石独具妙音，1970年4月24日，我国成功发射了第一颗人造地球卫星，卫星遨游太空时向全世界播放了悦耳的《东方红》乐曲，那清脆悠扬的音乐就是用灵璧石制作的编钟演奏的。宋人杜绾在《云林石谱·灵璧石》中说："扣之铿然有声。"灵璧石金声玉振，余音悠长，润人肺腑，"此声只应磬石有，人间它石几回闻"。声是灵璧石灵之所在，如今在灵璧多有人视灵石之声为驱邪纳福的吉祥之音，还有人把灵璧石视为天意所成的神灵之物而对其供香、叩拜、祈祷。

第二，灵璧石的形态美。灵璧石由于地壳的不断运动变化，又经过亿万年的水土中弱酸性水质的溶蚀和内应力、外应力的自然雕琢，去糟粕留精华，形成了"瘦、皱、透、漏、圆、蕴、雄、稳"等形态美的特点。

观灵璧石之形态，有的剔透玲珑，神奇尽怪；有的肖形状景，惟妙惟肖；有的神韵生动，震撼人心；有的轮廓抽象，写意传神；有的意境无穷，耐人寻味；有的气势雄浑，沉奇伟岸；有的色彩艳丽，风姿绰约；有的晶莹温润，风采迷人；灵璧石还有"顽、拙、丑、怪、灵、巧、秀、奇"之美，是天造地设、美妙绝伦的天然艺术品。

第三，灵璧石的质地美。灵璧石有的粗犷苍老，有的砺腻相兼，有的细腻若肤、温润如玉。灵璧石属远古代地层中碳酸盐岩，硬度在莫氏 3 ～ 6 度之间，是金石合一的长寿之躯。清代学者赵尔丰说："石体坚贞不以媚悦人，孤高介节，君子也，吾将以为师。石性沉静，不随波逐流，叩之温润纯粹，良士也，吾将以为友。"他把石的品性当作自己的楷模，并愿与其在感情和心灵上进行交流沟通，与之为师为友，使赏石的意念达到了至高的境界，此可谓赏石之真谛。

第四，灵璧石的色彩美。灵璧境内有山峰70多座，盛产美石。主要石种有：青黑磬石奇石、青黑奇石、皖螺石、纹石、五彩图纹石、条纹石（玉带石）、白灵石及众多的单色石、双色石和复色石等。其色彩可谓五彩缤纷，有的展示其浑穆高雅，有的体现出绚丽多姿。

第五，灵璧石的纹理美。灵璧石的表皮多具有深浅不一的凹凸纹理。主要有线纹、胡桃纹、蜜枣纹、沙粒纹、树皮纹、鸡爪纹、螺旋纹、龟纹、山石皴纹、金丝脉纹、银丝脉纹和赤丝脉纹等天工神镂，各得其妙。特别是那些多色的彩石和图纹石等，其纹理生长在不同底色的石体中，有平纹、凸纹、点纹、线纹和面纹等。其纹理颜色丰富，以墨纹为主，纹理硬度如玉。纹理形态，各尽其趣，魅力惑人。

灵璧奇石的采石现场

黄灵石雕　达摩面壁　王共亚

灵璧石属自然艺术品，可以同任何人文艺术品相媲美。要想得到艺术品位高的灵璧石，可幸遇而不可强求。世上有"千金易得，一石难求"之说，就是这个道理。

中国文化信息协会石文化专业委员会学术委员，有近30年灵璧石收藏、研究、鉴赏经验的专家——郭希玉先生介绍说，历史上对灵璧石曾有两次较大规模的开掘和收藏。

一次是北宋中后期，先是当地人士采石筑园，或为清供，经苏轼、米芾等称扬，名声愈噪，直到徽宗修筑艮岳石，达到高潮。此后即少有人问津。王守谦称："国朝垂二百六十余年，寥寥无闻，即问之士著者，亦竟不知灵璧石为何物。"

明万历三十七年（1609），御史张鸿来灵璧觅石，于雨后在山涧沟壑中采得几方，以此为端，开始了第二轮发坑取石的热潮，贩石者接踵而至，王守谦甚至担心在过量的采掘中，当地的灵璧石将成"广陵散"。

"乱世藏金，盛世藏宝"，随着人们生活水平的不断提高，收藏热度增加，自20世纪90年代中期以来，全国各地兴建了很多奇石馆、奇石市场，开展了各种形式的石文化展、赏石赛事等，奇石收藏越来越火，而被誉为"天下第一奇石"的灵璧石在奇石市场中更是炙手可热，正掀起灵璧石的第三轮收藏热潮。

1990年以后，国内大城市和韩国、日本、新加坡等国家以及中国香港、台湾地区有实力的收藏家，慕名前往灵璧石的主要产地——灵璧县寻觅、挖掘、收购灵璧石。在产地，当时一件上品的石头，价格不过数十元、上百元，但稍加整理运往外地往往就增值十倍、百倍。

1994年，香港苏富比拍卖行的一件45厘米高的灵璧石拍品，成交价达到6.8万美元；2006年中国雅石博览会上，一方巴掌大小、据传是宋代杰出书画家米芾所收藏的灵璧石"锁云"被拍卖到300万元。

郭希玉于1992年以300元买进的一方龟纹象形灵璧石，现在价值12万元，15年的时间升值了400倍……市场价值的飙升极大地刺激了灵璧石的收藏和开掘，当地群众视采石为致富途径，纷纷挖地觅石，作为一种不可再生的资源，灵璧石越来越少，一些极品的灵璧石更是凤毛麟角。

按照收藏市场规律，藏品的市场价值往往由其文化价值和供给情况所决定。作为天然艺术品的灵璧石具备唯一性和资源不可再生性的特点，在这种情况下就更具有了值得期待的升值空间。

三　灵璧石的分类

灵璧石大体可分为 6 大类：

磬石类：有墨玉磬石、灰玉磬石、三花磬石等。此类石种也统称八音石，除色泽、形体差异外，石质基本相似，玲珑剔透，叩之有清脆悦耳之声。

龙鳞石类（又称皖螺石）：有红皖螺、灰皖螺、黄皖螺等。此石种的原始石身均有凹凸形鳞状，直观感觉强，石体规律排列着无数条龙身形，且头尾一般较完整。经切片加工，打磨上光，则平面显露出个个螺状环体图案，层次分明，广泛用于建筑墙体装饰。

五彩灵璧石类：该石色彩缤纷灿烂，有黄、绛、褐、红、青色等，可谓缤纷灿烂、纹理特别、曲折有致，一般可直观欣赏到山川、河流、清泉、小溪、日出、朝霞、洪荒或黑云压城等景象。

花山青霜玉类：石质较硬，7 度以上，手感润滑，天然光洁。红黑两色组成，深嵌体中，形奇色美，以山丘象形居多，独成一体。

绣花石类：此石多呈圆、椭圆状。黑、灰底色展现出植物、山川、清溪、沙丘、脸谱、文字等形状，古相典雅，栩栩如生，透过背面以强光照射，观之韵味无穷。

白灵璧石类：此类石有多彩的石种，按底色分有红白灵璧石、黄白灵璧石、灰白灵璧石、五彩白灵璧石、褐白灵璧石数种，各底色呈现斑斑点点的白玉，质地坚硬，如积雪、白云点缀通体，天生丽质、自胜粉黛。

灵璧奇石　苍龙

四　从灵璧石到灵璧白灵玉

有人把灵璧石这个大家族分成六个大类，而灵璧白灵石则是其中的一个分支；如果再把灵璧白灵石看成是一个小家庭，那么白灵玉就是这个小家庭中的一员。

白灵玉产自风景秀丽的安徽省灵璧县九顶山。

白灵玉山料

灵璧石雕　春天里　王共志

"九顶琅崖苟石山，四十五里不见天"，这是前人对九顶山的真实写照。古老而神奇的九顶山位于苏、皖交界处，它的周围有八座大山，故称"九顶山"，区域面积13平方千米；九顶山海拔188.3米，是灵璧县一百九十九座山峰（传说灵璧一百九十九座山都在九顶和褚兰间）中的次高峰。

白灵玉的主要矿物成分为方解石微晶，晶体粒度为0.001毫米，大大小于细晶岩类和粉晶岩类而达到了微晶的尺度，属隐晶质结构。

白灵玉的摩氏硬度为5～6.5，密度为2.6～2.9，折射率为1.55～1.65。白灵玉有山料、山流水料、籽料和田料四种；白灵玉种类繁多，底色多变，有黄底、黑底、青花底、灰底、三彩底、五彩底等十余种。

白灵玉以白色调为主，兼有他

色。白灵玉的白有雪花白、羊脂白、象牙白、鸡骨白、羊角白、荔枝白、梨花白、芙蓉白、乳白、米白、瓷白、浆白等数十种。

白灵玉的品质与新疆和田玉的品质不相上下，优质的白灵玉，其白度和温润、细腻程度甚至超过顶级的新疆和田的羊脂白玉。

白灵玉有极好的柔韧性，易于加工，可以雕 3 丝以上。近年来，

白灵玉雕　弥勒　王共亚

其玉雕作品屡获中国天工奖、百花奖等大奖。白灵玉储量极其稀少，有些玉种已几乎绝迹。

白灵玉是我国一个不可多得的珍稀的优质玉种，其雍容华贵的芳姿，必将在中国玉石界大放异彩。

五　白灵玉的形成过程

据 1974 年安徽省地质勘探队的勘探报告提供的数据：中国白灵玉矿床形成于震旦纪四顶山晚期，距今约有 9 亿年的历史。

灵璧县境内在晚元古代震旦纪（距今 8.44 亿年）期间，经过吕梁构造运动，海水漫及境内，灵璧地区是一片浅海的海滨。这个时期，原始藻类植物大量繁殖生长，形成礁体，在海相沉积作用下，发育成为今天的各类奇石矿体。在震旦系构造上沉积形成了震旦系——奥陶系的碳酸盐岩石；进入古生代（距今约 4 亿—2.3 亿年），经过加里东构造运动，

白灵玉田料

地壳抬升，灵璧地区成为陆地，后经过华力西构造运动，又下沉为浅海泻湖；直至中生代（距今约2亿年），经印支构造运动后，灵璧地区又隆起为陆地，海水从此销声匿迹。同时，在印支结构运动期间，境内地层发生了褶皱和断裂；在侏罗纪晚期至白垩纪，又发生了燕山构造运动，伴有火山岩喷发活动，使灵璧地区出现了岩浆岩地质；进入新生代（距今约1200万年），灵璧地区在石灰岩溶蚀地区沉积了第三纪地层；在距今100万年，灵璧地区形成了第四纪冲积平原地层。目前，灵璧县境内发育的地层为：震旦系地层约1400平方千米；岩浆岩和上第三系地层约有34平方千米。上述地层多数隐伏于第四系之下，少数零星出露在低山丘陵的剥蚀残丘处。经过复杂漫长的地理变化，终于形成了具有特殊质地、奇特造型和优美声音的中国白灵玉。

六　白灵玉的矿物学分析

灵璧石是沉淀岩中的黑色泥晶结构，中厚层状灰岩（石灰岩），摩氏硬度为4～7，石质微显脆性，锯切稍困难。它的矿物性质属于碳酸盐。它的矿物成分为：大于95%的方解石，小于3%的白云石和少量金属及微量元素。

方解石

方解石（calcite），英文名来自拉丁文中的calx，意指烧石灰（burnt lime）。化学成分为碳酸钙；三方晶系；透明无色或乳白色，若含有杂质能被染成灰、黄、粉红等多种颜色；玻璃光泽；摩氏硬度为3；比重为2.6～2.9；菱面解理完全；在酸性溶液中能被溶蚀，遇冷稀盐酸剧烈起泡。方解石是分布最广的矿物之一，是组成石灰岩和大理岩的主要成分。在石灰岩地区，溶解在溶液中的重碳酸钙在适宜的条件下沉淀出方解石。

白云石（dolomite），英文名来自发现者——法国地质学家D.Dolomieu。

化学成分为 $CaMg(CO_3)_2$；三方晶系，晶体结构与方解石类似；白色，含其他元素和杂质时呈灰绿、灰黄等色；玻璃光泽；摩氏硬度为 $3.5 \sim 4$；比重为 $2.8 \sim 2.9$；菱面解理完全，性脆；以硬度稍大，在冷稀盐酸中反应缓慢等特征，可与相似的方解石相区别。白云石是组成白云岩和白云质灰岩的主要矿物成分。

七　白灵玉是玉不是石

1997 年 5 月 1 日，在正式实施的《珠宝玉石名称国家标准》中，玉石被定义为："由自然界产生的，具有美观、耐久、稀少性和工艺价值的矿物集合体，少数为非晶质体。"其中，"矿物集合体"是指岩石。 古玉中，常见的有和田玉、岫玉、独山玉、蓝田玉等。近年来，又出现了一些新玉种，如云南黄龙玉、安徽白灵玉等。而清代才广泛流行的翡翠，并不完全具备"玉之五德"或"玉之九德"，不属于传统意义上的玉。现代玉器行业认定的玉，种类很多，包括：和田玉、黄龙玉、翡翠、珊瑚、珍珠、琥珀等。一些美丽而且名贵的石头，如青田石、田黄石、鸡血石、寿山石、巴林石和各种砚石，因质地较软，在制作工艺上与玉器区别很大，又有着独特的用途，不归为玉的范畴。

五彩底白灵玉

从玉的定义可以看出，白灵玉涵盖了玉石的基本特征。首先，白灵玉是自然界产出的许多不同种类的矿物集合体，它的属性是天然形成的，不是人工合成的材料，这是玉石的先决条件。

黑底白灵玉山料

白灵玉雕 刘胡兰

其次，美是玉石的价值所在，玉石的美体现在质、润、色、纹、声。白灵玉质地细腻，温润凝洁，颜色纯正，纹理清晰，击之又能发出舒畅、清脆的声音，它集内质美与外形美于一体，具备了玉石的基本特性。

再次，玉石要有可加工性，此所谓"玉不琢不成器"。白灵玉硬度高（摩氏硬度为 5～6.5），化学性能稳定，有很强柔韧性，可做 3 丝（意指白灵玉的材质在 1mm 的间距里可雕刻三笔头发丝），能够加工成艺术品，这是白灵玉具有工艺价值的体现。

最后，白灵玉非常珍稀，仅产在灵璧县的几处小山中，零星地分布于各种岩石中，产量极其稀少，目前已近匮竭。

综上所述，白灵玉具备了玉的所有特质和性能，因此，白灵玉是玉不是石。

八 白灵玉的物理检测

黑底白灵玉山料

从前面的介绍可知，白灵玉是灵璧奇石的一个品种，并常常与灵璧奇石伴生或共生。本节白灵玉的物理检测和下一节白灵玉的化学检测都是从灵璧奇石（主要指灵璧磬石）中抽取样品做检测而得出的数据。

灵璧石的物理检测主要包括它的物理力学参数检测、薄片显微检测、超声波检测，具体如下：

（一）灵璧石的物理力学参数检测

中国地震局地球物理研究所的刘晓红和耿乃光研究员对灵璧奇石（主要指灵璧磬石）的物理力学参数进行了检测。主要结果见表1：

表1　灵璧奇石的物理力学参数

密度（g/cm³）	2.80	横波阻抗（106g/co₃·s）	1.01
纵波速度（km/s）	5.56	杨氏模量（CPa）	89.4
横波速度（km/s）	3.60	剪切模量（CPa）	36.3
横波阻抗（106g/cm³·s）	1.58	泊松比	0.23

由于灵璧石有明显的层状结构，所以对它不同方向的弹性波速度进行了检测。取X和Y为层面内相互垂直的两个方向。Z为垂直于层面的方向。沿X、Y和Z三个方向测量的纵波和横波的数据见表2：

表2　灵璧石波速度各向异性检测数据

X向纵波速度（km/s）	5.56	Y向横波速度（km/s）	3.23
X向横波速度（km/s）	3.60	Z向纵波速度（km/s）	3.73
Y向纵波速度（km/s）	5.00	Z向横波速度（km/s）	2.14

由表2可见，灵璧石层面内不同方向的纵波速度和横波速度差别不大，而层面内的波速度与垂直于层面方向的波速度有很大的差别。灵璧奇石是一种物理力学性质各向异性的岩石。

（二）灵璧石的薄片显微检测

中国科学院贵阳地球化学研究所的周文戈和谢洪森研究员对灵璧奇石（主要指灵璧磬石）进行了薄片显微检测。

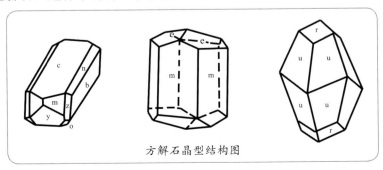

方解石晶型结构图

黑底白灵玉山料

鉴定表明灵璧奇石的主要矿物成分为方解石微晶。晶体粒度小于 0.03mm。灵璧奇石内还含有少量不透明矿物，呈不规则和正方形，粒度也在 0.03mm 以内。贵阳地球化学所对灵璧奇石分类，定名为灵璧微晶灰岩。

此项检测表明，灵璧奇石的晶粒大大小于细晶岩类和粉晶岩类而达到微晶的尺度，所以用灵璧奇石摩擦人体会使人感到非常舒服。同时也正是由于灵璧奇石具有微晶结构，所以敲击灵璧石（主要指灵璧磬石）能发出金属的声音。微晶结构是灵璧磬石成为优质磬材的原因。

（三）灵璧石的超声波检测

灵璧奇石（主要指灵璧磬石）是制磬的材料。敲击灵璧奇石能发出很强的音响，与此同时，还有超声波脉冲发出，一般人的耳朵是听不到的。中国地震局地球物理研究所的岩石力学实验室对灵璧石进行了超声波检测。其结果见表 3：

表 3　敲击灵璧奇石一次的超声脉冲次数

25cm 磬	400 ～ 500 次
51cm 磬	1200 ～ 1500 次

超声脉冲的频率在 20 ～ 2 之间。丰富的超声波脉冲可对人体产生生物物理效应。近年来国内外的研究表明，超声波有疏通经络、改善微循环、抑制癌细胞生长和消除体内多余脂肪的作用。

九　白灵玉的化学检测

化学组成是玉石最本质的特色，也是鉴别各种玉石最根本的依据。化学成分相同形态不同者，在矿物学上叫同质异象；化学成分不同而形态相同者，叫异质同象。如果不熟悉玉石的化学成分，往往会将不同品种的玉石混为一谈。如对软、硬度不同的紫色晶体，人们容易误认为只是硬度上有差别，而不会认为是两个截然不同的物质。

未达到玉石级的灵璧白灵石

现在，我国市场上用低档宝石和玉石或者人工制造仿高档宝石和玉石的情况很多，要辨别真伪，除用物理性质进行分辨外，还可以用测试化学成分的方法来确定。目前，电子探针和光谱法能精确地测出宝石和玉石的化学成分，并不破坏原石的种种性质和形态。

灵璧石的化学检测主要包括它的化学成分检测、微量元素与稀土元素检测、放射性物质含量检测，具体如下：

（一）灵璧石的化学成分检测

中国核工业地质分析测试研究中心的王鹤、乔万忠和赵云龙等研究员对灵璧奇石（主要指灵璧磬石）的主要化学成分进行了检测，结果见表 4：

表4　灵璧奇石的主要化学成分

成分	CaO	SiO$_2$	Na$_2$O	Al$_2$O$_3$	Fe$_2$O$_3$	FeO
含量（%）	55.06	6.76	2.73	1.143	0.91	0.55
成分	MgO	P$_2$O$_5$	K$_2$O	TiO	MnO$_2$	烧失量
含量（%）	0.507	0.265	0.25	0.044	0.012	33.07

（二）灵璧奇石的微量元素与稀土元素检测

中国科学院的地质研究所对灵璧石（主要指灵璧磬石）的微量元素进行了检测，结果见表5：

表5　灵璧奇石的微量元素含量

元素	Cr	Mn	Co	Ni	Cu	Nn	Rb	Sr
含量（ppm）	16.01	262.25	2.1075	15.081	10.12	10.359	4.9942	285.73
元素	Zr	Nb	Sn	Cs	Hf	Ta	Pb	Th
含量（ppm）	6.3908	0.84687	0.39983	0.9863	0.09067	0.19771	7.1681	1.0401

中国科学院的地质研究所对灵璧石（主要指灵璧磬石）的稀土元素进行了检测，结果见表6：

表6　灵璧奇石的稀土元素含量

元素	Y	La	Ce	Pr	Nd	Sm	Eu	Cd
含量（ppm）	5.774	9.3194	18.829	2.1072	7.0019	1.3303	0.32779	1.3703
元素	Tb	Dy	Ho	Er	Tm	Yb	Lu	
含量（ppm）	0.16241	1.1056	0.17237	0.41670	0.04433	0.44123	0.07630	

本项检测结合前面的主要成分分析可以看出：灵璧奇石作为以方解石为主要矿物成分的石灰岩，其含铁量是最高的，同时其包括元素种类之多在石灰岩类中是罕见的。

（三）灵璧奇石的放射性物质含量检测

中国核工业地质分析测试研究中心的田桂英等研究员对灵璧石（主要指灵璧磬石）的放射性物质含量进行了检测，结果见表7、8：

表 7　灵璧奇石的铀、钍含量

成分	铀	钍
含量（ug/g）	1.14	2.6

表 8　灵璧石的锶和钾的放射性同位素在同种元素中所占的比率

成分	放射性锶	放射性钾
比率（%）	0.12	2.6

上述分析表明，灵璧石在成分方面含有对人体有益的元素而不含对人体有害的物质，放射性物质含量正常，对人体无害。

十　白灵玉的颜色

白灵玉的颜色以白色调为主，约占95% 以上；只有极少量杂色，如黄色、紫色、绯红色、红色、黑色、灰色等。

白灵玉的白色、黑色、灰色为原生色；红色、黄色、紫色等为次生色。

白灵玉的原生色是在其形成过程中，由致色离子所致；次生色为白灵玉成岩之后由外来有色物质浸染所致。

一级白白灵玉民间艺雕　弥勒

白灵玉的白色温润、洁白、明净、秀雅，有羊脂白、乳白、浆白、雪白、瓷白和灰白等数十种；白灵玉颜色越白、价格越高，有"色差一分，价差十倍"之说。

白灵玉那种不染烟尘的白，天生丽质的白，雅洁脱俗的白，在中国玉石中独树一帜，她是世界白玉大家族中的一朵奇葩。

紫白灵（极罕见）

十一　白灵玉的光泽

白灵玉的光泽是由光在玉石表面反射而引起的，与白灵玉的折光率、吸收系数和反射率有关。不同玉质的白灵玉有不同的光泽。同一种玉质的白灵玉由于加工程度不同也会呈现不同的光泽。

白灵玉的光泽还与其表面的抛光度有关，抛光度越高，反射光越强。

白灵玉的光泽大多属于油脂光泽和蜡状光泽，少数有玻璃光泽。

白灵玉山料

白灵玉民间艺雕

十二　白灵玉原石的分类

白灵玉原石是指未曾加工过的石头，根据产出状况，白灵玉原石分为山料、山流水料、籽料和田料四种。

（一）山料

从白灵玉原生矿床开采的玉料称白灵玉山料。

山料是白灵玉的原生矿。白灵玉部分山料产出于地表以上；部分产出于地表以下。玉石质量的好坏除了和玉石的成因有关外，还和玉石的产地有关。山料的质量也从根本上决定了山流水料、籽料和田料的质量。只有山料玉石质量好的原岩才有可能形成好的籽料、山流水料和田料。

由于白灵玉矿体形成的环境不同，矿石的质量也存在着很大的差异，既有结晶细腻的优质矿石，也有结晶粗大的劣质矿石，山料的特点主要表现在：

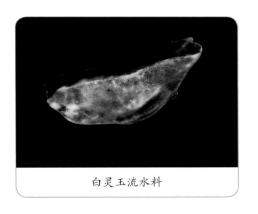

白灵玉流水料

白灵玉山料

（1）形状：几乎所有的白灵玉都被原石包裹，呈雪花状分布。形状上表现为多种多样。有板块状，有球状，有片状以及各种不规则块状，没有经过任何磨损。

（2）大小：一般块体较小，20公斤以上的块体极其少见。

（3）颜色：以白色为主，也有极少数红色、紫色和黄色的山料。

（4）结构：绝大多数白灵玉山料母体都有结晶体沁出（当地石农称为玉刺）并依附在玉石表面，少数深入玉体内部。白灵玉的晶体粒度小于0.01毫米，属于隐晶质结构。

（二）山流水料

山流水料，是指残积、坡积和被冰川搬运距原生矿不远的玉石。由于九顶山海拔较低，坡度较缓，因此山流水料往往只滚到半山腰并未进入真正的河床，它们经受一定程度的风化、磨蚀，但程度不及籽料，故玉质也大多介于山料与籽料之间。

（1）外形：无尖锐的棱角状态，表面呈凹凸不平状，常常被原生石包裹，有时只能从一个面或一个点上看到玉体，玉表呈淡黄色或黄色。外形以片状、块状居多；块度不大，多数在10公斤以内。

（2）质地：比较细腻、紧密。

（3）颜色：较白，也有其他色泽。

（三）籽料

白灵玉原石经过长期的自然风化剥解为大小不等的碎块，崩落在山坡上，再经过雨水冲刷流入九顶山下的几条小沟、小溪中，待秋季河水干涸，在小沟、小溪的河床上采集的玉体称为籽料。

白灵玉籽料

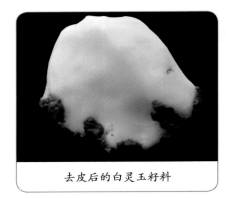

去皮后的白灵玉籽料

（1）形状：经过数万年的河水冲刷、浸泡，白灵玉的籽料被磨成了卵石状，棱角全无，外面的包裹石也被冲刷得干干净净，呈现冰肌玉骨之美。白灵玉籽料非常稀少，个头也不大，往往在数公斤以内。

（2）质地：白灵玉籽料的质地比山流水料更加细腻、更加温润，如凝如脂。

（3）颜色：颜色纯正，呈羊脂白、鸡骨白、梨花白等。

（四）田料

受地质运动的影响，九顶山上的原生矿脉滚落到坡度较缓的半山腰或山脚下，长期深埋在田间地头，成独立分散的玉体，叫白灵玉田料。白灵玉田料在经受了常年的溪水、泥沙、地热等自然条件的作用后，石质发生了特殊变化。在所有白灵玉的玉料中，田料的质量是最好的，有的白灵玉田料玉质超过顶级的和田羊脂白玉。

白灵玉的田料与籽料一样，数量极其稀少，弥足珍贵。

白灵玉田料中黄白灵玉 （极罕见）

重达10公斤以上的大块型白灵玉田料（极罕见）

十三　白灵玉的品种

白灵玉被各种岩石所包。白灵玉的颜色称为玉色，岩石的颜色称为白灵玉的底色。

按底色分，白灵玉有红白灵玉、黄白灵玉、灰白灵玉、褐白灵玉、黑磬白灵玉、紫石白灵玉、蚰蟮白灵玉、青花白灵玉、彩虹白灵玉、五彩白灵玉等。

按白灵玉在包裹石中块体的大小，白灵玉又分为大雪、中雪、小雪、碎雪四种。

白灵玉按白度分为特级白、一级白、二级白、三级白。

白灵玉按品质又分为极品、珍品、绝品、精品、中品、下品。

知识链接　玉山子雕

山子雕是一种起源于明、盛行于清的中国传统玉雕形式。主要是在外形呈不规则的卵形籽玉上，或在各种山石形状的石料上，经过精心的构思，以各种人物和诗词典故呈为内容，施以山水、花草树木、飞禽走兽，用圆雕、浮雕、镂空雕的方式制作的立体画面的玉雕。这种形式的玉雕作品叫"山子雕"。其造型浑圆典雅，给人赏心悦目的视觉效果和美的享受。

和田玉山子雕

第七章

解析白灵玉

一　白灵玉的特点

与其他玉石相比，白灵玉有三大特点：

（1）白灵玉白度最高。白灵玉以白见长，洁白如脂，圣洁如雪。白灵玉的白是不染烟尘的白，是天生丽质的白，是雅洁脱俗的白。她明亮、干净、雅致；她清纯、端庄、神圣、深邃。

（2）白灵玉是一种石包玉。白灵玉深藏石中，为石所包，只有解开外衣，才会露出美丽的玉肌；白灵玉与白灵石相生相伴、相互依托、相互点缀。

（3）白灵玉储量极其稀少。白灵玉没有明显的大矿脉，只零星地分布在几座海拔不到200米的小山中。偏僻的环境、监管的缺失、无序的开采，已致白灵玉几近枯竭。

从当前发展趋势看，灵璧的白灵玉注定会成为一个还没有被国家命名就消失的珍稀优质玉种，这也许会成为白灵玉最突出的特点。

包裹着塑料薄膜的
特级白白灵玉雕件

白灵玉雕　老来乐　王共亚

二 白灵玉又叫雪花白灵

白灵玉因其颜色洁白如雪，所以又叫雪花白灵。因为白灵玉像雪花一样嵌在各种石体中，所以根据"雪花"的大小，人们又把白灵玉分为大雪、中雪、小雪、碎雪四种。

大雪：从包裹石中剥离出来后，可以雕琢成各种大型玉器等。

中雪：多用来加工成各手把件、摆件及各种玉饰等。

小雪、碎雪：也是加工各种玉饰的好材料，但目前还没有被充分发掘出来，当地石农只是依据其雪花的姿态和石底的颜色加工成千姿百态的"玉树"和千里冰封的"雪山"，配以底座后作为观赏石向外出售。

雪花白灵玉之大雪

雪花白灵之小雪

雪花白灵玉之中雪

雪花白灵之碎雪

知识链接　玉器雕刻的几种表现形式

玉雕作品的工艺美是通过各种雕刻技艺的运用表现出来的。玉器的雕刻技艺主要有：线雕、圆雕、半圆雕、浮雕、透雕、镂空雕等。

透雕，又称镂空雕，是在浅浮雕或深浮雕的基础上，将背景的部位镂空，使所表达的艺术形象更加鲜明，使作品体现出精雕细刻、巧夺天工的工艺效果。

圆雕，不附着在任何背景上，适于多角度欣赏的、完全立体的雕刻工艺。

浮雕，在平面上雕出凸起的形象，是在平面上表现立体层次的一种雕刻技艺。依照表面凸出厚度的不同，可分为高浮雕、浅浮雕等。

三　白灵玉的玉质

判别白灵玉的玉质，就是从色、水、种、地着手。步骤如下：

一看色。颜色是人的第一直观感受，颜色是否纯正，对白灵玉的价值影响最大。珠宝界把玉的颜色分为正色和偏色两大类。白灵玉名如其物，以白色调为主，间有少量黄色、粉红色、灰色。白灵玉的颜色越正、越白、越均匀，其价值越大。

二看水（水头）。水是水头，就是透明度。透明度与白灵玉对光的吸收强弱有关，吸收的光越强，透明度越好。如果白灵玉的晶体细腻致密，就可以使光线发生的折射率降低而达到直透。因此，透明度与玉质也有直接的关系，玉质越细密，透明度就越高。

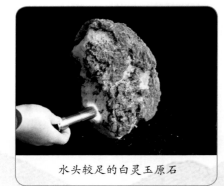

水头较足的白灵玉原石

知识链接　结晶水和吸附水

玉石中的水以两种形式存在，一种是吸附状态，叫吸附水；一种是变成了玉石的成分，叫结晶水。玉石的结构中有很多微小的空隙，空隙里常常有吸附水，加热时，吸附水就会蒸发出来，高温下结晶水也会流失。失去吸附水、结晶水的玉料，质地一般是不会出现很大变化的，仿古玉器常会利用这个性质，用火烤、酸浸、油炸、染色等方法来改变结晶水和吸附水，制作伪沁色。

三看种。白灵玉的种，就是指白灵玉晶体的结构。白灵玉的晶质结构均匀、细腻致密，其硬度和相对密度就高，种就好。相反，如果白灵玉的晶质微粒疏松且不均匀，其相对密度和硬度就低，种就差。白灵玉的种好，玉质就好。

四看地。这里所说的地，指的是白灵玉去掉包裹石以后的质地、净度，而不是底色。质量好的白灵玉纯洁无瑕。净度高的白灵玉其晶体内部没有天然包裹物，即没有玉钉、玉线、棉等杂质。白灵玉的净度越高，玉质越好。

总之，颜色纯白、质地致密细腻、纯洁无瑕、通透灵动的白灵玉才是品质优秀的白灵玉。

四　白灵玉的透明度

透明度是指物质透过光线的程度。透明度与矿物的分子结构、颗粒大小及所含杂质有关。

根据白灵玉的透光程度，我们把白灵玉的透明度由高到低分为透明、半透明、微透明、不透明四个级别。

透明：白灵玉的杂质少、水头足，绝大部分光线可通过玉体。

半透明：白灵玉含有少量杂质，水头略有不足，部分光线可通过玉体。

微透明：白灵玉含有杂质相对较多，水头差，玉料干，只有少量光线可通过玉体。

不透明：白灵玉含有的杂质或杂色较多，缺水，玉料干，所有光线都不能通过玉体。

知识链接　玉料的透明度有何鉴定意义

透明度就是某种玉石料能透过光强弱的表现量。玉石行业把透明度看得很重要，一向把它作为评估玉石质量的重要指标之一。因为透明度对玉石的质地、颜色有烘托作用，透明度好，可以把玉石料的质细、色美烘托得更加明显。影响透明度的有光源和玉石的薄厚。在光源和玉料薄厚相同时的比较才有意义。一般把玉石的透明度分为能完全清晰透视的透明体，如水晶、琥珀；只能模糊透视其他物体的轮廓的半透明体，如玛瑙、芙蓉石；能透过光，但看不清透过物像的微透明体，如和田玉、翡翠、南阳玉、岫玉；在比较薄的

白灵玉雕　唐风　林继相

情况下有强光源照射，很少或根本透不过光的非透明体，如孔雀石、青金石、松石、珊瑚等。每一种玉石的透明度都只在一定的范围之内，其中有一个最佳的透明度标准，并非是越透明越好。

五　白灵玉的净度

白灵玉的玉体上大部分都存在瑕疵，如石花、石钉、石线、黑点、砂眼、棉絮等，这些所谓的瑕，我们往往通过肉眼都能直接观察到。

根据直观看到的玉体所含杂质的多少，我们把白灵玉的净度分为极纯净、纯净、较纯净、不纯净四个等级。

极纯净：在自然光照射下，肉眼观察不到任何杂质，我们称之为极纯净。

纯净：在一块玉体中，只有一处极其微小的一种杂质，我们称之为纯净。

较纯净：在一块玉体中，含有两种或两处较小的杂质，我们称之为较纯净。

不纯净：含有两种或两处以上杂质，且杂质个体较大者，我们称之为不纯净。

知识链接　汉八刀

汉八刀，是指汉代雕刻的玉蝉，其刀法矫健、粗野，锋芒有力。体现出当时精湛的雕刻技术。

汉八刀的代表作品为八刀蝉，其分为佩蝉、冠蝉和"琀"（琀蝉）。八

刀蝉的形态通常用简洁的直线，抽象地表现其形态特征，其特点是每条线条平直有力，像用刀切出来似的，俗称"汉八刀"，其"八刀"表示用寥寥几刀，即可给玉蝉注入饱满的生命力。也就是说，汉八刀是指一种刀法简练的工艺风格，而不是一个工艺专用名称，更不是专指某一玉器。大家都知道，实际上他不是用刀刻出来的，而用水砣砣成的。汉八刀工艺品是中国玉器史上的代表之作，具有很高的工艺水平和艺术价值。在中国玉器史上占有重要的地位，汉以后不再觅有此风格的玉器。

白灵玉雕　八刀蝉　王洪顺

六　白灵玉的瑕

所谓瑕，就是玉的杂质。玉的杂质又称天然内含物或包裹体，它是一种内部特征。杂质的形成，一是始于晶体成长时期；一是基质材料成长后充填于解理、绺裂及断口之中的包裹物。我们通常所说的玉花、玉线、玉钉、棉等都属于杂质范围。

所谓瑜，是指玉中的美者。也有人对瑜中的瑕有另外一种认识，他们把那些玉质中的包裹物看成是天然难得之见证。玉体中有极少量白斑如云似雾者，新疆维吾尔族玉商说是玉浆，认为是优质好玉发育过程中常常出现的东西。至于玉体中出现的浅灰色云雾状者，那是极细微颗粒的石墨浸染而形成的，在白玉体内侵染而形成灰白色玉，古人称之为"黟玉"，视之为珍贵品种。

白灵玉的瑕，主要是晶体内黑色或灰色的"钉"或"线"，也有少量黑色点状物。白灵玉黑色圆点状瑕极其小，只有绣花针的针尖那么大，不仔细看很难分辨。战国时，赵国大将蔺相如想从秦王手中讨回本国国宝和氏璧，说"璧有瑕，请指示王"，这里所说的瑕，就是指白灵玉晶体中的小黑点。

白灵玉的瑕大多是黑色包裹体，恰恰与白灵玉的主色调白形成鲜明对比。白灵玉的瑕可用于雕刻时作俏色用，最适宜的题材是山子雕，而不是现在流行的人物雕，这有待于联想丰富的玉雕大师们去发掘。我坚信，通过对白灵玉"瑕"的巧妙运用，惊世骇俗、巧夺天工之作一定会层出不穷。

无瑕的白灵玉

有瑕的白灵玉

知识链接　童子题材

（1）将童子与观音相搭配的玉雕作品，寓意着家宅平安，普天同庆，可以将这款玉雕作品送给亲朋好友，代表一份美好祝愿。

（2）若玉面上雕刻的是童子与如意，则寓意着多子多福，吉祥如意，可以送给新婚夫妇，护佑他们心想事成，早生贵子。

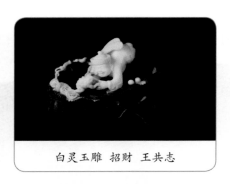

白灵玉雕　招财　王共志

（3）童子戏财神或童子戏金蟾玉雕作品寓意着财源滚滚，万事如意，能护佑生意人在外打拼顺顺利利，生意兴隆，财源广进。

（4）童子骑龙的玉雕作品寓意着出人头地，事业一飞冲天，适合给正在奋斗打拼的年轻人佩戴。

（5）童子送寿桃，寓意着万寿无疆，平安喜乐，对老人来讲，这是最好的祝愿，所以送一款这样的玉雕作品给老人佩戴，代表着一份爱与孝心。

（6）袒胸露腹的童子寓意着天真无邪，事事顺利。此玉雕作品最适合送给家中小孩佩戴，能护佑小孩健康平安，快快乐乐成长。

七　白灵玉的绺裂

绺，丝和缕的组合称绺。丝十为纶，纶倍为绺。一绺大概等于二十根蚕丝粗细。裂，即破敝，分裂，分离也。

在火成岩冷凝过程及沉积物固化成岩的过程中产生的裂隙称为原生裂；由温差剧变而产生的裂隙称冷裂。

白灵玉的绺和裂是指大小不同的裂缝。根据裂隙长短、深浅，我们把白灵玉的绺裂分为纹裂、水线裂、牛毛裂、断裂、破碎裂等。

白灵玉的裂纹多为后生裂。

白灵玉的多数裂纹是在其开采和加工过程中产生的。

众所周知，白灵玉的山料是炸山取石所得，炸药爆炸造成的冲击波，会破坏原玉矿体的整体结构，在玉石表面或视力看不到的玉体内部形成一道或多道裂纹，即所谓的明裂和暗裂。

另外，白灵玉的山料在出售前往往要经过酸洗或酸泡。在酸洗过程中，酸与玉石表面的污渍会产生化学反应，放出热量，从而使玉石表面温度升高，如果紧接着再用凉水冲洗玉面，由于热胀冷缩，就会产生些冷裂；如果改用热水冲洗，产生裂纹的可能性就会大大降低。

因此，白灵玉的多数裂纹是由其特殊的开采方式或后期加工过程处理不当造成的。白灵玉的原生裂纹很少。

无绺裂的白灵玉

有绺裂的白灵玉

知识链接　仕女题材

玉雕人物类作品一般可分为仕女、
老人、佛像和童子等题材，因此，仕女是
人物类作品之一。这些题材不同的作品其
雕刻技法和所表现的风格各不相同，因此
在鉴赏和评价这几类作品时应当各有侧重。

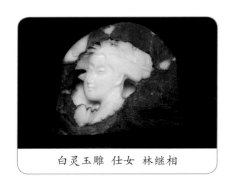

白灵玉雕　仕女　林继相

玉雕仕女题材的作品主要表现古代
女性形象，包括嫦娥等传说中的仙女，往往突出女性顾盼有致的神态。仕女
裙褶飘逸、笑不露齿、步不露足的身形姿态中，让观者读出这些形象所表达
的"艺术语言"，以此领略女性的仪容风采和内心思想。这类作品通过玉雕
大师们的艺术加工，外在姿态的刻画富有内涵、艺术张力含蓄典雅，作品耐看，
令人遐想。

八　白灵玉的棉

玉石的棉，就是在玉体内部呈不规
整、杂乱无章状的絮状、丝状、斑点状
的白色色体。明显的棉会影响玉的质量。
棉越多、越大对玉的质量影响就越大。

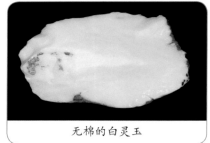

无棉的白灵玉

随着现代雕工技艺的不断进步，很
多大师对于玉石中的棉往往采用巧雕技
法，变废为宝。

知识链接　如何看待玉料中的杂质

从化学成分来看，玉石质地特别纯

有棉的白灵玉

的是少数，不纯的是大多数。一块玉石的各部位质地或颜色的不同，一般可
以认为是杂质含量不同的表现。但实际做法并非如此机械，用于首饰时，则
要求玉石的质地纯净、均匀分布；用于玉雕摆件，则要求略低一些。有些杂

质的玉石并不一定被看作是次品，带着杂质做出的产品，经过雕刻师的巧妙加工，并不会影响美观。比如，水晶是透明体，虽然不少产品由于含有杂质而影响透明度，但是因大自然的鬼斧神工而形成千奇百怪的变化，反而更具有观赏价值和收藏意义。

九　白灵玉的红筋

千姿百态的红筋，在我国玉石品种中，唯白灵玉特有。

数万年前，地质运动产生的冲击力，破坏了白灵玉石岩体的结构，使玉石肌体出现了裂隙。在之后的漫长岁月中，裂隙周围的铁质及胶状物质缓慢充填，又使受伤的裂隙逐渐愈合，愈合后的裂隙就在玉体上形成一道红筋。

有红筋的白灵玉

无红筋的白灵玉

当地人认为，有红筋的白灵玉质量就好。这虽然没有科学依据，但宛如彩虹的红筋，确实为该玉种增添了一道靓丽的风景。

知识链接　观音题材

观音题材寓意解析：观音心性柔和、仪态端庄、世事洞明、永保平安、消灾解难、远离祸害、大慈大悲、普度众生，是救苦救难的化身。在《大佛顶首楞严经妙心疏》中，世间观音相皆是观世音的应身而非本相。观世音的应身有三十二数及三十三数之说。贴近民间的说法为三十三观音化身，玉雕观音也多以此三十三应身为造像基准。此三十三应身为：杨柳观音、持经观音、圆光观音、游戏观音、白衣观音、莲卧观音等。

十 白灵玉的晶花

无晶花的白灵玉

白灵玉的晶花，又叫白灵玉的结晶体、火疙瘩或玉刺。

白灵玉在发育过程中，会在其表面形成结晶体，结晶体的形状多呈圆柱形，单个结晶体的直径在 1 毫米左右，无数个结晶体黏结在一起就形成玉晶花。

玉晶花的表面为淡黄色，晶质呈银白色。玉晶花的硬度较高，摩氏硬度为 7，略高于白灵玉的硬度。

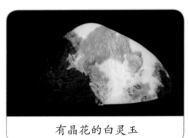

有晶花的白灵玉

白灵玉的玉晶花，有的生在玉面上，有的深入玉体内部。深入玉体内部的玉晶花往往呈黑色，在玉石雕刻时可作为俏色使用。

几乎所有的白灵玉品种都长有晶花，一簇簇，一团团，像积雪，像白云，给这个玉种增添了无穷的艺术魅力。

白灵玉的玉晶花越密越浓，玉质就越凝越润。

白灵玉的玉晶花是我国所有玉石中特有的，也是与其他玉种区别的主要标志之一。

知识链接 玉瓮仲

白灵玉雕 瓮仲 王洪顺

瓮仲，陵墓神道两侧石像人物的称谓。相传，秦朝有一位大将叫阮瓮仲，此人身材高大，力气过人，曾驻守临洮，因防范匈奴有功，死后，秦始皇为了纪念他，在咸阳宫的司马门外铸了阮瓮仲的铜像。后来人们便把铜像、石像统称为"瓮仲"。传说连神鬼都畏惧于他，就像门神的作用一样，守护陵墓的安全。汉代开始流行用玉做瓮仲像，造型较简洁，通常为细长身，用三条或六条阴刻线刻画眉、目、鼻、嘴的年轻武士形象。明清以后，有人以石雕文官为蓝本将其改为方冠、窄脸、长髯的形象，长袍及地，宽袖笼手。玉瓮仲主要用作佩饰，取其勇猛能抵御外来侵害之意，作辟邪祥瑞物。瓮仲佩的穿孔极特别，由两侧袖下入索，会于躯干由头顶穿出，成人字形孔洞。

十一　白灵玉不会褪色

有些玉石在自然状态下，时间稍长其玉体表面的颜色就会逐渐发生变化，这是玉石的化学性能不稳定，与空气中的部分元素发生化学反应的结果。还有一些玉石，一旦脱离原矿床，来到自然环境中，就会出现"脱水充气"现象而出现颜色的变化，这是由于其物理性能不稳定造成的。

白灵玉的物理、化学性能非常稳定。当地石农把做好的白灵玉工艺品放在自家的院落里，无论经过多少个春夏秋冬的严寒酷暑、风吹日晒，其颜色都不会有丝毫变化。白灵玉高度稳定的性能是其能够进入中国最优秀玉种行列的"硬实力"之一。

白灵玉雕　　钟馗嫁妹　　王共亚

十二　白灵玉与白灵石的主要区别

白灵玉与白灵石虽然是一对同生共长的孪生姐妹，非常相像，但由于诞生时的条件不同，其内质、外形也有所区别。为更好地研究白灵玉，把她与白灵石有效地区分开来。经过多年实地研究和科学分析，我们总结出白灵玉与白灵石的主要区别如下：

（1）白灵玉属隐晶质，晶体粒度小于 0.03 毫米；白灵石属显晶质结构，晶体粒度大于 0.03 毫米。

（2）白灵玉温润、细腻，油质感明显，水头足；白灵石干涩、粗糙，缺少油质感，水头差。

（3）白灵玉硬度高，摩氏硬度为5以上；白灵石硬度低，摩氏硬度在5以下。

（4）白灵玉柔韧性强，有玉的所有性能，适宜精雕细琢，可加工成任何艺术品；白灵石柔韧性差，属于石的范畴，不适宜精雕细琢，只能加工成较粗大的工艺品。

（5）白灵玉储量少，分布相对集中；白灵石储量大，分布范围较为分散。

白灵石

马牙石

十三　白灵玉的叫法

目前，灵璧白灵玉的叫法很乱，外地石友很难分辨，比如说，白色的马牙石（不属于白灵）、白灵、白灵蛋、白灵蛋子、白灵璧（容易和另一种白色灵璧石相混淆）、黄白灵（容易和黄灵璧混淆）、壳白灵、彩白灵（容易混淆彩灵璧石）等等。

如果要把白灵石中能用作雕刻的极品上升到玉的高度来命名，我们不妨先回顾一下古人对玉的有关描述再下结论也不迟。

"玉，石之美者有五德。润泽以温，仁之方也。"

在形容洁白的词中，如玉魄（月华）、玉屑（喻洁白的雪花）、玉珥（太阳两边的云气）、玉羽（洁白的羽翼）等。

我国传统的玉的硬度一般为5～7度，呈不透明或半透明状，按颜色分为：白玉、黄玉、青玉、碧玉、墨玉和糖玉等。

玉之润可消除浮躁之心，玉之色可愉悦烦闷之心，玉之纯可净化污浊之心。所以，君子爱玉，希望在玉身上寻到天然之灵气。

大块型黄白灵

白灵玉具有以上特性，因此，完全可以把白灵石中能用作雕刻的上升到玉的高度来称谓，即，白灵玉就是达到玉石级的白灵石。

此外，还应该再说明几点：

（1）开采白灵石的过程和其他玉一样，大部分都是山料石，但白灵石要经过酸烧，才能看出里面质地的好坏，没处理之前与赌玉差不多。只有那种温润细腻，洁白无瑕，晶莹通透的才是好料，才能称得上白灵玉。一般一堆山料很难烧出几块像样的白灵玉料，所以，白灵玉极其珍贵。

（2）在雕刻方面，白灵玉和其他玉石一样，柔韧性好，也很适刀，琢磨后能达到很高的艺术效果，并且也能和独山玉一样进行很多的俏色运用。

（3）在质地方面，白灵玉也含有透闪石，在强光的照射下，晶莹光亮，颜色洁白，质地纯净、细腻，光泽滋润。

因此，在名字上，白灵玉这个名字既能表现其色，又能表现其具有的灵性，并且还能表达出产自灵璧的意思，所以应该统一称其为白灵玉或白灵石。根据内质和外形的不同，把白灵玉与白灵石区别开来（上一节重点论述），再根据其颜色的不同，把白灵玉细分为白白灵、灰白灵、黄百灵、黑白灵、彩白灵，这样就不乱了！

第八章

收藏白灵玉

一　如何收藏白灵玉

（一）玉石是收藏领域的一匹大黑马

当收藏逐渐成为人们生活中使用频率较高的一个名词之后，当各大拍卖公司屡次刷新拍卖佳绩之后，当云南黄龙玉、广东台山玉的暴富神话已成为老百姓茶余饭后的谈资之后，玉石的收藏盛世来临了。

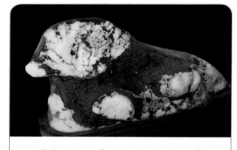

重达 200 公斤的大块型白灵山料

在过去的十几年里，中国的收藏界可谓真实地上演了一幕幕"疯狂的石头"，无论是产自何地的玉石，也无论是老玉种还是新玉石，都比十年前上涨了数倍甚至数十倍。这其中，尤其是几个新玉种表现得最为抢眼，如云南的黄龙玉、安徽的大别山玉、贵州的罗甸玉、山东的泰山玉等。玉石的增值潜力与名画和古瓷相比一点都不逊色。

为什么玉石收藏如此风靡呢？

首先，中国人有一种玉石情节。几千年来，中国人爱石、敬石、奉石、玩石在世界上独一无二；玉石的天地之精说、万物主宰说、辟邪除祟说、延年益寿说早已根植在国人的心中。玉石不仅是上层社会的宠物也是广大普通老百姓的至爱，玉石收藏有着广泛的群众基础。

其次，在我们居住的这个地球家园里，玉石储量极其有限，它是不可再生的稀缺资源。"物以稀为贵"是收藏投资领域永远不变的法则。

再者，凡玉石都可以雕琢。当玉石的独特个性融入震撼人类心灵的艺术天地时，它所产生的"溢价"可以达到玉石原料的数倍甚至数十倍、数百倍，此所谓"点石成金"也！

以黄龙玉为例，目前市场上黄龙玉精品籽料价格是每公斤 5 万元左右，如果把它加工成巧夺天工的艺术品，普通玉雕大师的作品约为 20 万元左右；若是超一流玉雕大师顾永俊的作品，价格至少要在百万元之上。

在浓浓的玉文化的点化下，在珍稀的稀缺资源的诱使下，在暴富神话的"激荡"下，不计其数的玉石爱好者"趋之若鹜"也就顺理成章了！

我们认为，中国玉石的价格特别是最近几年刚刚被发现的一些新玉石的价格才刚刚起步，其精品以克论价的时代已为期不远。

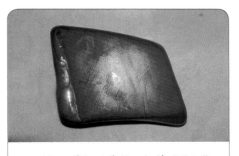

既形似又神似的黄龙玉籽料"旗帜"

重达 15 公斤的一级黄龙玉籽料"咏蛙"

（二） 如何收藏玉石

玉石颜色越白越好。玉有九色，但玉的本色是白色，玉的正色也是白色。自古以来，人们始终认为玉以莹白如脂者为上品，白色如酥者最贵，且有"色差一分，价差十倍"之说。《本草纲目》引用南朝梁陶弘景的话说："洁白如猪膏，叩之鸣者是真也。"又引用宋朝苏颂的话说："玉，惟贵纯白，它色亦不取焉。"在古代，白玉的地位最尊，依据古代宫廷文献及典章经籍的

记载，白玉是天子的专用玉。对
于平民百姓来说，白玉属于禁用
之物。皇上头戴的冕旒、象征皇
权的玉玺、帝王服饰的玉佩等等，
都必须选用白玉琢制。由此可见，
白玉自古以来就是玉石市场的宠
儿，所以白玉为尊。

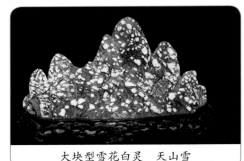

大块型雪花白灵　天山雪

　　玉石收藏越新越好。古玉在近十几年的拍卖中价格屡创新高，特别是新
石器时代早期的一些玉器，因其美轮美奂、自然天成，致使一部分人只认古玉，
觉得古玉更有升值空间。其实，从近 20 年玉石市场发展的脉络看，一些市场
上充斥着大量远古玉器的高仿品，如红山文化的玉猪龙，良渚文化的玉琮、
玉璧等；再者，这些远古玉器被炒得高高在上，收藏起来风险很大。老牌玉石，
如和田玉、寿山石等早已以克论价，价格也高高在上，非普通藏者所能企及。
新玉种则不同，由于新玉的内在价值还没有被充分发掘，市场价格还远远没
有体现出它们的内在价值，所以适时介入正当其时。

知识链接　手摆件及题材

　　手摆件是玉雕业的行话，是一
种玉雕产品的形制。

　　手摆件作品是既可作为手把玩，
又可作为桌上陈设的玉雕作品。玉
雕手摆件工艺要求"作品圆润不触
手"，使把玩时的手感舒服。

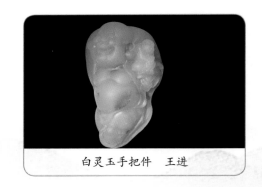

白灵玉手把件　王进

　　手摆件的常用题材一般以民间
喜庆吉祥、招财纳福、辟邪挡灾的内容为主，多用童子、罗汉、财神、弥勒
等人物类，佛手三多、榴开百子等花草类，以及欢欢（獾）喜喜（喜鹊）、
马上封侯等动物类的元素作为创作题材。

　　玉石收藏越精越好。在玉石收藏领域有两种观点，有人认为玉石越硬越好，

其代表品种是翡翠，翡翠的摩氏硬度为7，属硬玉；有人认为玉石越软越好，其代表品种是田黄，田黄摩氏硬度为2左右，属软石。我们认为，两种观点都太绝对，皆有偏颇。正确的做法是"软硬兼施"取其精。任何一种玉石都有绝品、珍品、精品、中品和下品。中品及以下的玉石与"天地之精说"有距离，求之甚少，升值速度慢，生长空间有限；精品及以上的玉石被誉为"上天的造化"，属"宝"的范畴，求之者众，升值速度快，生长空间大。所以玉石收藏越精越好！

综上所述，收藏玉石要选取白色种类的玉石，摒弃炒高了的"高古玉"和"老牌"玉，遴选新玉种中的精品玉石。此法为收藏玉石之道，屡试不爽！

知识链接　玉与印文化的关系

在我国，印章起源于商代。早期多为铜印，玉印出现于战国时期。印章最初只是个人的记号，并无严格的等级限制，但自秦代开始，天子以玉为印，并称之为玺。汉代沿袭秦制，仍以玉为玺，规定皇帝、皇后以及诸侯王的用印，统称玺，而官吏及平民所用私印，只可称印，故汉代不仅有印、玺之称，又有章、印信等别称。从玉印的传世数量来看，汉代居多，战国次之，秦代玉印非常少。魏晋时期，由于印章艺术的风格开始转变，玉印制作减少。隋唐以后，除皇家以玉琢治玉玺印外，多为玩赏之物。

白灵玉印章　王洪顺

（三）白灵玉的收藏价值

无论是谁，如果在 30 年前买入 1 万元的和田玉，到现在，她的价值至少是 1000 万元；倘若你在 30 年前用 1 万元去经商，30 年后，你也许会成为千万富翁，但是，这种成功的概率很低。这就是收藏的魅力！

何谓收藏？收藏，就是以敏锐的嗅觉，先知先觉地买入一些不可再生的稀缺的资源类品种，耐心地等待着它的价值重现。

如果把中国的收藏大军分为普通阶层和贵族阶层的话，5000 元一克的和田玉、1000 万元一副的翡翠手镯，绝不是工薪阶层敢于问津的。普通收藏者应该另辟蹊径，介入那些价位偏低、升值空间较大的品种。白灵玉的收藏就正逢其时。

从历史经验看，一个有收藏价值的玉石品种，其价值的发现过程一般要经过四个阶段。

一是朦胧阶段，其主要标志是"论个卖"。这个阶段玉石只被先知先觉的少数人发现、认可，本地石农往往蒙在鼓里，只根据玉石个头大小粗略地标个价。这时玉石的价，是萝卜青菜价，也是收藏者介入的最佳阶段。五年前的白灵玉就属于这个阶段。

二是起飞阶段。起飞阶段的主要标致是购买者迅速增加，价格如旱地拔葱一般一路暴涨。中间商越来越多，玉石由"论个卖"逐渐转变为"论斤卖"。21 世纪初期的云南黄龙玉就属于这个阶段。

三是黄金阶段。这个阶段，玉石的好坏标准已非常清晰明了，价格也已出现严重的两极分化，其精品、珍品、孤品的价格一飞冲天，并开始"以克论价"，真可谓不是黄金贵似黄金。如近几年的和田玉就属于这个阶段。

四是贵族阶段。贵族阶段的主要标志是精品已经价值连城，即不论斤卖，也不论克卖，完全进入"以价论价"的"不讲理"阶段。如现在的翡翠就属于这个阶段，一副镯子动辄数百万元甚至上千万元。

玉石的贵族阶段是富人的天下，普通百姓只能"望玉兴叹"。

从目前情况看，白灵玉刚刚被外界所认知，还处于玉石发展的起飞阶段的初期。另外，它储量少、品种优、价位低，所以上涨空间无限。

常言道，物以稀为贵。玉石的收藏价值与玉石的储藏量关系密切：储藏量越大，收藏价值越低；反之，收藏价值越高。辽宁的岫岩玉就是因为储量大，价格上涨缓慢，所以收藏价值才大打折扣；缅甸的翡翠就是因其储量少，价格经过无数次暴涨之后至今仍在上涨，所以收藏价值高。白灵玉的储量与福建寿山石的储量相当，极其稀少，而且白灵玉的工艺性能远远超过寿山石，且凝如脂、白如酥、莹澈无纤毫瑕疵，其品质与新疆和田玉不相上下，因此升值空间极为广阔，极具收藏价值。

知识链接　圆雕

圆雕又称立体雕，是指非压缩的，可以多方位、多角度欣赏的三维立体雕塑。圆雕是艺术在雕件上的整体表现，观赏者可以从不同角度看到物体的各个侧面。它要求雕刻者从前、后、左、右、上、中、下全方位进行雕刻。圆雕的手法与形式也多种多样，有写实性的也有装饰性的，有具体的抽象的，有户内的也有户外的，有微型的也有大型的，有着色的也有非着色的等；雕塑内容与题材也是丰富多彩，可以是人物，也可以是动物，甚至于静物。

白灵玉雕　观音　王共亚

白灵玉雕　刘海　王共志

（四）如何收藏白灵玉

白灵玉的收藏"粗"不得。白灵玉的收藏要细中有细，这是白灵玉的性质决定的。有些白灵玉收藏者见了安徽的白石头就买，殊不知，不是所有白石头都是白灵玉。因此，收藏白灵玉所要做的第一功课就是要学会分清什么是白灵玉、白灵玉与白灵石有什么区别、白灵玉与马牙石有什么区别、白灵玉身上有哪些特征等。

只有精通了第一门功课，才不至于花大量的资金买来一堆无用的烂石头。

白灵玉的收藏"急"不得。在白灵玉收藏领域，经常会碰到一些大款带着百万元以上的现金购买白灵玉，总想在极短的时间把白灵玉的精品"一网打尽"，但是欲速则不达，广大石友要知道，白灵玉的储量极其稀少，有时去转悠一天也不一定能买上一块称心如意的白灵玉，这也是白灵玉之所以珍贵的原因之一。孔子曰"贵玉而贱珉"说的就是这个道理。笔者所了解的两位白灵玉收藏大家，其收藏经历都在 10 年以上，到目前也不过有数百块精品而已。所以，白灵玉的收藏急不得，要慢慢来。

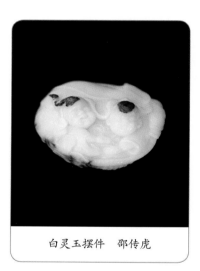

白灵玉摆件　邵传虎

白灵玉的收藏"独"不得。白灵玉的收藏者要广泛结交圈内人士，特别是一些白灵玉的收藏大家，向他们学习收藏经验，决不可独来独往。因为玉石收藏的"水"都很深，尤其是白灵玉，全靠眼力。要练就"一眼准"不是朝夕之间所能做到的。

白灵玉雕　静佛　林继相

想要"快速建仓"，初学者可以尝试从一些白灵玉的收藏者特别是一些收藏大家手中直接求购。一是因为白灵玉精品可遇而不可求，普通市场很难碰到；二是收藏家都有一个好的心态，不会无故骗人。

白灵玉的收藏"大"不得。白灵玉与田黄石一样，不仅储量少，而且大块料少，10公斤以上的几乎见不到。因此，白灵玉的收藏者不要在"大"与"小"之间做抉择，而要在"优"与"劣"上做文章。只要是精品，无论多小都可以收藏。现在回过头来看一下，一些曾经的田黄石收藏家所收藏的精品有很大一部分不都是十几克甚至是几克的，如指头、指尖大小的微型料石吗？如果一时贪大而舍其精，白灵玉的收藏可能就是本末倒置。

在20世纪90年代中期，正当黄龙玉风生水起之时，有两个人同时各带20万元去云南的龙岭去购买黄龙玉。一个人贪大求全花20万元买了一大车所谓的"山料"；而另一位朋友专门打听精品所在，最后他用所有的钱买了10余块黄龙玉的精品籽料。第一位朋友尽管兴师动众，但他买的都是黄蜡石，我可以断定，无论何时卖出，他都无法收回成本；而第二位朋友购买的那些并不算太大的黄龙玉精品籽料，5年前就有人欲出价千万元购之，他都没有出手。这就是所谓的"精品铸英雄"吧！

因此，收藏白灵玉一定要在"精品"上做文章，这是一条金科玉律！

二 五彩白灵

所谓五彩白灵，就是由五种不同颜色的美石结合成的岩体，称为五彩白灵。五种颜色或是黑、紫、赭、褐、红结合在一起，或是白、紫、黑、黄、赭结合在一起，五色或五色以上者均叫五彩白灵，五彩以纹状分布，或条纹，

五彩白灵玉原石

或回纹，或断纹，或麻纹，或长条纹，或片晕纹等，五彩白灵以绚丽多彩的石底色、优美多姿的石形和凝如羊脂的白玉结合在一起，多年来一直为人们所珍爱。

五彩白灵玉是白灵玉中的上品。

白灵玉的极品、珍品和绝品多出自五彩白灵玉。

三　白灵玉田料的质地最好

灵璧县南北长、东西窄，南北长约75千米，东西宽约25千米。地势由西北向东南倾斜。北高南低，地面坡度较小，坡度比为1：7300～1：10000。海拔高度一般多为20米左右。西北最高，海拔高度为27米，东南部最低，海拔高度为18.5米，南北高度差为9米。平原面积占89.6%，黄土冲击层较厚。灵璧县属于温暖过渡带半湿润季风气候，四季分明，光照充足，年无霜期210天左右，年平均气温14.5℃，年平均降水量854.7毫米。

由于常年雨量不大，加之灵璧的山峰坡度较缓，地面坡度较小，白灵玉的山流水料和籽料被水搬运的路程都很短，仅在数千米之内，受水浸泡的时间也不长。所以，白灵玉的山流水料和籽料不是最细腻的。

灵璧县境内有7条过境河流，总长度为225.2千米，地表水和地下水藏量

白灵玉巧雕作品　回眸　林继相

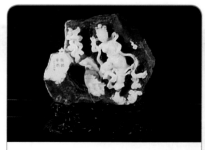

白灵玉雕　丝路花雨　王共志

丰富。白灵玉的田料，由于长期深埋地表以下的黄土冲击层中，受溪水、地表水浸泡的时间较长，因此，在同一母体的山料、山流水料、籽料和田料中，田料的质地最细腻、最温润，品质最好。

四　白灵玉山料多呈山峰状

在白灵玉的雕琢工艺性能没有被发现之前，白灵玉是作为观赏石来对待的。当地石农把山料按其大小加工成山峰的形状，以几十元或百元左右的价格向外出售。尽管目前白灵玉的用途已发生了很大的变化，但现在市场上出售的白灵玉山料，仍然沿袭原来的加工思路和加工样式，因此，多呈山峰状。

白灵玉山料的加工要经过四个步骤：一是保留石底，石底的大小依据白灵玉体的大小而定；二是打磨、酸洗，用 500 号左右的水砂在石体表面反复打磨，直到平整，然后用弱酸漂洗，除去石体表面的垢渍，让玉质、色泽与纹理清晰地表现出来；三是美化晶花，为了增强白灵玉晶花的色彩，当地人用九顶山脚下的红土和红色的颜料涂在白灵玉的晶花上，使晶花在白灵玉的边沿呈鲜艳的梅花状分布；四是根据玉质的好坏配以不同档次的底座。

经过加工后的白灵玉山料，白灵与石底浑然一体，晶花与白灵竞相争艳，千娇百媚，像白云，像流水，像瀑布，像雪山。

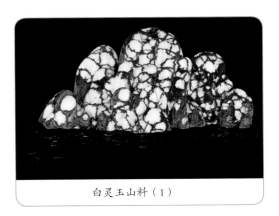

白灵玉山料（1）

白灵玉山料（2）

五 白灵玉的开采

白灵玉的开采是无序的。

由于白灵玉没有明显的大矿脉，往往呈零星的鸡窝状分布，又与其他各类岩石伴生，而且储量极其稀少，在当前急功近利思潮的影响下，无法、也不可能有序开采。

目前市场上销售的白灵玉山料多数都是一些石料厂炸山取石（用以烧制石灰或制作建筑用石子）时，把含有白灵玉的玉料单独回收存放，然后卖给周边几个村的村民，最后经简单加工后向外出售的。也有少数白灵玉山料是当地村民在自家承包的山上用人工或机械（如挖掘机）等方法开采而来的。还有一些极少量的山流水料、籽料和田料是当地村民在山坡上或自家承包的田地里精心采挖获得的。

挖山不止

从白灵玉的开采情况可知，炸山取石得到的白灵玉由于受到外力作用，往往存在暗伤，肉眼从外观上很难发现。村民用人工或机械办法开采的白灵玉暗伤较少，有的几乎没有暗伤。所以，购买白灵玉时，尽量要购买那些用人工办法开采的白灵玉。这样，在雕琢白灵玉时，不会中途出现意外，以致前功尽弃，劳民伤财。

即将被焚烧殆尽的白灵玉矿区

六　白灵玉的交易市场

目前，白灵玉的交易市场共有五处，都是顺应市场需求而自发形成的。

但必须提醒的是，在我们介绍的以下几个白灵玉交易市场中销售的多数是白灵石，只有极少数是白灵玉。

待售的白灵玉半成品

一是灵璧县城的灵璧奇石交易中心，有几家固定的白灵玉销售点。另外，还有一些不固定的摊位，是当地的一些石农自发形成的一个临时交易市场，地点往往在灵璧县奇石交易中心旁较宽畅的空白地带，周六、周日最热闹。

二是徐州白灵玉交易市场。白灵玉产地朝阳镇距离徐州和灵璧县城都是50千米左右，加之徐州又是白灵玉雕的发祥地，识货的人较多，购买白灵玉的商人也较多。因此，徐州街道有一个固定的白灵玉交易市场。

白灵玉山料精品

三是独堆村。独堆村的村民从山上购得原石后，经过简单的加工，然后就在各自家中销售。由于独堆村非常偏僻，交通不便，所以在此交易的大多是本地的玉石商人。

四是渔沟镇。渔沟镇奇石交易大市场有几家白灵玉石专卖店和一家白灵玉工艺品销售点。

五是灵璧县城关镇钟馗路灵璧工艺品销售一条街。该街道主要销售白灵玉工艺品和灵璧磬石工艺品。白灵玉工艺品以前店面后作坊的形式出现，前店面为销售店，后面为手工作坊，但他们加工工艺很一般，出售价格也不高。灵璧磬石工艺品都是机械化加工而成，该街道只有其中的几个零售店。

七　灯下不观白灵玉

自古以来，玉石行业就流传着"灯下不观玉"的传说。究其原因是在灯下看到的玉石与在自然光下看到的玉石不完全一样，也就是说，玉石的一些瑕疵在灯光下是看不到的，这是为什么呢？

众所周知，灯光是不全光，灯光射入玉石所反射的颜色也就不全面、不准确，容易使白灵玉失去原色，甚至会掩饰一些瑕疵，所谓"灯下不观玉"就是这个道理。自然光是全光，我们在自然光下看到的白灵玉的颜色是全面、真实而准确的，玉质的优劣一看便知。所以，我们提倡在购买白灵玉时，要在白天的自然光下辨识、决定。

八　目前市场有假的白灵玉吗

商人造假的目的，就是想以较低的成本获取高额的利润。由于白灵玉市场价格不高，所以目前还没发现人造的白灵玉，也没发现用其他玉石充当白灵玉的，但以次充好以及用马牙石充当白灵玉的现象还是时有发生的。马牙石与白灵玉常常共生，从外观看也极为相似，初入门者往往分不清，容易上当受骗。还有一些石农把一些显晶质、没有油脂感的白灵玉说成是隐晶质、有油质感的白灵玉，也就是所谓的以次充好，这对初学者来说是极易混淆的。

玉石的隐晶质与显晶质，有经验的人一眼便能识别，靠的是直觉和经

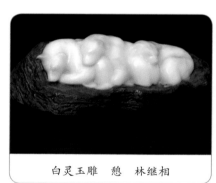

白灵玉雕　憩　林继相

白灵玉雕　浮士绘　林继相

验，这需要反复实践才能独具慧眼。至于是否有油脂感，只要排除玉石商人没有在玉石表面涂上液状石蜡等物质，然后再认真鉴别即可。

九 白灵玉的保养

与其他玉石一样，白灵玉也喜欢阴暗潮湿的环境，要尽量避免长时间在强烈的太阳光下直晒，也不要在严寒的冬季将其置于室外，因为任何玉石都或多或少存在些许裂缝，冬季雨水渗入裂隙易结冰膨胀，致使裂隙增大，从而降低白灵玉的品质。

避免与硬物碰撞。不要与硬物放置在一起，玉石若受到撞击会破裂，或产生隐蔽的裂纹，肉眼不一定能看得出，可是已经有了暗伤。如果不能避免与硬物存放在一起，也要相互隔开以免碰撞。

避免与香水、化妆品直接接触。一些香水、化妆品会影响白灵玉的光洁度，如果被过多地浸泡，会使其饰品表面受到侵蚀，影响本有的灵仙之气。很多人认为，用化妆品等湿润白灵玉饰品会使其更加油润，这是一大误区，因为白灵玉本身已经晶莹通透，灵光闪现，若多涂油剂，反而容易使玉质变淡，不再纯白如脂。

要保持光洁，不要落上灰尘。有了灰尘应当用毛刷蘸上清水仔细刷掉，再用清洁的软布擦干，否则白灵玉会失去天然光泽。

白灵玉雕　如意弥勒　王共亚

白灵玉雕　禅趣　王共亚

不要与化学制剂接触。白灵玉长期接触化学制剂会被腐蚀，表面会变得浑浊，观赏性会降低。

空气中的湿度应适当。白灵玉工艺品最好长期保存在湿度适中的鲜活空气中，空气太干燥会使白灵玉的表面失去水分的滋润而变得干燥，影响其天然的温润度和玉质。

白灵玉雕　自在观音　王共亚

十　白灵玉与和田玉的区别

和田玉的历史可以追溯到 10000 年前的新石器时代。自从她诞生之日起，从氏族图腾到虔诚的玉崇拜，和田玉始终是中国玉石界的"领军人物"。以他盖世的"功勋"，如果将其称为中国的"玉帝"一点都不为过。很难想象，没有和田玉的中国玉石界将是一个什么样的玉石界？和田玉开启了中国早期人类文明智慧的钥匙，她对古人类智慧的发展和古人类征服自然的能力都起到了极大的助推作用。她是中国玉文化的奠基石！

白灵玉雕　大唐遗风　林继相

白灵玉的历史只能追溯到 20 多年前的 1988 年。自白灵玉面世以来，她就犹抱琵琶半遮面。她是中国玉石界的一个新秀，以她的高贵优雅、细腻水润，被喻为中国的"玉后"是再合适不过的事。处在深山无人知，一朝选在君王侧。她虽然没有惊天动地的伟业，却有着韬光养晦下孕育出的灵性。可以想象，有了白灵玉的中国玉石界将是一个承前启后、百花争艳的崭新时代，她必将承载贵玉贱珉、玉之九德的玉论前行！

白灵玉与和田玉的区别

序号	白灵玉	和田玉
1	白灵玉是石包玉	和田玉不是石包玉
2	只有解开包裹石才能识别内部玉质的好坏	通过外表观察就基本能够判定内部玉质的好坏
3	白度高,白度分为四级	白度相对较低,白度可分三级
4	以白色为主,色彩较单一,杂色少,只有少量青色、灰色和黄色	虽以白色调为主,但杂色较多,如红色、黄色、墨色、青色、糖色等
5	籽料、山流水料外表粗糙,有次生结晶体(玉刺)	籽料、山流水料外表光滑,无次生结晶体
6	储量少,分布集中,便于开采	储量大,分布广,开采难度大
7	硬度、密度稍低	硬度、密度稍高
8	可加工系数高,能做 3 丝	可加工系数更高,可做 3.5 丝
9	晶体颗粒小于 0.03 毫米,大大小于细晶岩类和粉晶岩类而达到微晶的程度。性能高度稳定	毛毡状结构,晶体颗粒直径少于 0.006 毫米 *0.33 毫米,结构高度稳定
10	矿物成分为方解石、白云石、少量金属、微量元素和极少量稀土元素	矿物成分主要为透闪石,还有少量阳光石、辉石、次闪石及微量元素
11	摩式硬度为 5～6.5,密度为 2.6～2.9,折射率为 1.55～1.65	摩式硬度为 6～6.5,密度为 2.96～3.17,折射率为 1.61(点测)
12	目前,玉雕制品样式相对单一;玉制品大都附带原石	玉雕制品一应俱全;玉制品都不附带原石
13	开采时间短,只有 20 多年历史	开采时间长,有近 10000 年历史
14	白灵玉的研究工作刚刚开始,玉文化刚刚起步,传播范围小	从事和田玉研究的历史久远,玉文化底蕴丰厚,传播范围广

知识链接　和田玉被誉为帝王玉

我国帝王玉是历史进入阶级社会的产物，但其渊源可追溯至原始社会的晚期，大致在距今 5000～6000 年的红山文化和良渚文化。这时的玉器中已经出现了"帝王玉"，其规模与质量均不亚于后世的帝王玉，但其不足之处则是还没有和田玉。和田玉成为帝王玉之材料似始于齐家文化时期至夏商时期，而大量出现则始见于商代妇好墓中的藏玉。此墓玉器中有一些地方玉器，但和田玉已成为主流。和田玉之所以被誉为帝王玉，一是其玉质一流，二是因为在从商代至清的几千年里，皇家的玉器多以和田玉制成，这就彰显了和田玉的尊贵，因此和田玉被誉为帝王玉。

十一　白灵玉作品屡获大奖

近年来，白灵玉作为玉石界的一颗新星，可谓光芒四射：无论是誉满全球的神工奖，还是享誉华夏的百花奖，抑或是驰名中外的天工奖都有金杯、银杯在手。一个历史短暂的新玉种获得如此令人瞩目的成绩，有人把她归功于玉石大家的造就；有人把她归结为白灵玉盖世无双的品质。

白灵玉雕　大光明菩萨　王共亚

事实果真如此吗？

白灵玉自从被发现能像传统的玉石那样任意雕琢之后，在江苏徐州这个玉石之基较为深厚的城市里，从最初的一人尝试到现在的数十个作坊竞相研磨，其不竭源泉主要是市场的供不应求。在徐州从事白灵玉雕琢的匠人中，没有像顾永俊、薛春梅那样的"国"字号的双料大师，有的只是在师傅的棍棒下一步一步成长起来的本土玉雕艺人。因此，白灵玉的奖杯与名人效应无关。

有人夸大白灵玉的质量，说她的性能远远超过和田玉，这有失偏颇。和田玉仍然是当今世界无可争议的"玉帝"，目前还没有其他玉种能撼动其位。

有极少数白灵玉可以和顶级的和田玉相媲美是不错的，但这毕竟是极少数。就总体而言，白灵玉与和田玉还有些许差距，如她的硬度、柔韧性，特别是和田玉已深深融入中华民族血液里，有浓重的文化，又怎能是只有区区几十年历史的白灵玉所能企及的呢？因此，说白灵玉的金杯、银杯与其盖世无双的娇容有关，有失公允。

那么，白灵玉艺术作品的辉煌成就到底来自哪里呢？我认为有以下三点：

（1）白灵玉品种优秀、质量上乘，再加上其多变的底色、自然灵动的纹理，造就了她质与韵的高度和谐；天然雕饰、雍容华贵，那种超脱自然的原生态是她能够走向红地毯的原因之一。

（2）以林继相、王共亚为首的徐州玉雕艺人，生活在白灵玉产地，扎根沃土，汲取营养，既有对白灵玉天然品质的充分认知，又有较为有序的技艺

白灵玉雕　静候　林继相

黑与白相间的石材，经作者巧妙布局，把北冰洋、浮冰、北极熊完美地融为一体，该作品形神兼备、精美绝伦。

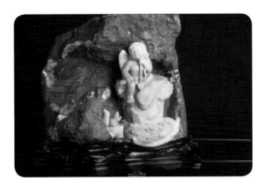

黄灵玉雕　爱神　王共志

雕刻家王共志先生以白灵中的黄灵为主体展开布局，利用圆雕和透雕等多种技法，把村民弃之荒野而一文不值的丑陋之石变成了人见人爱的艺术品，该作品是化腐朽为神奇的上乘之作。

传承和过硬的基本功，他们在继承传统玉雕工艺的基础上大胆创新，因此，他们的作品灵动、俊秀、超凡脱俗、恍若天成。这是他们能够捧杯的原因之二。

（3）最近几年来，中国玉石界倡导新品、新作、新人。所谓新品就是新近发现的有较好可塑性的玉石品种；所谓新作就是在继承传统的基础上有创新突破的作品；所谓新人就是在市场经济环境下经过摸爬滚打、优胜劣汰后成长起来的一批后起之秀。因此，在苏皖交界处，汲取丰富营养后成长起来的玉雕团队以及他们精心打造的白灵玉作品，正适逢其潮流，这是奖杯闪耀的原因之三也。

十二　白灵玉的家

近闻，河南省南阳市建造了一座独山玉博物馆，其建造水平之高、收集品种之全、文化品位之浓空前绝后。这是一件实实在在的功在当代、利在千秋的德政工程！

玉石是不可再生资源，是有限的、宝贵的。

白灵玉雕　点化　王共志

玉石的每一个品种、每一个品种的每一个种类都有其唯一性、不可再生性。失之，将无法弥补。留住资源就是守住财富，不仅如此，这对于弘扬我国绵延万年的玉文化有积极的助推作用。

由此，我想到了白灵玉，想到了几年前江苏省玉石雕刻大师林继相先生提议创建安徽白灵玉博物馆的构想来。

那是一个早春，我与江苏的另一位玉雕大师王共亚先生约定到林大师家里小聚。时至中午，林大师把我们留下吃饭。由于共同的爱好，彼此推心置腹、兴致盎然，真可谓把酒临风，其喜洋洋者也！

　　席间，林教授谈到了他对白灵玉现状的思考。他认为安徽应该建设一座白灵玉博物馆，这个博物馆可以放在宿州市，也可以放在合肥市。如果真能如愿，他愿意把自己多年制作和收藏的白灵玉雕精品全部无偿捐献出去。这对白灵玉的生存和发展有很好的引领作用。

　　林教授的一席话使我茅塞顿开。林教授有意捐献自己收藏多年的白灵玉雕精品的想法更使我感到惊讶，要知道他收藏的那100多件白灵玉雕精品都是他多年来千雕万琢、呕心沥血的作品，特别是获过大奖的《文化名人》《浮世绘四女》等系列作品，很多收藏大家都愿意出天价购买，但均被他一一拒之门外。这些作品就像他心爱的孩子一样，被他精心呵护着、珍藏着！

　　如果说以前我对建造安徽白灵玉博物馆还有疑虑的话，那么现在这个疑虑已经烟消云散了，特别是独山玉博物馆的建造更加坚定了我的决心。下一步，我将利用手中的笔大力宣传安徽白灵玉，并通过多种渠道向政府有关部门建言，争取尽快在合肥建一座能体现白灵玉灵秀之气的安徽白灵玉博物馆，以实现林教授的夙愿，为白灵玉找到一个温暖的家。

白灵玉雕　李可染　林继相

白灵玉雕　情窦初开　林继相

白灵玉雕　招财　王共志

第九章

白灵玉文化

一　白灵玉产地九顶山的传奇故事

"九顶琅崖岢石山，四十五里不见天。"这是前人对九顶山的真实写照。古老、神奇的九顶山由九座山峰组成，最高峰居中，海拔188.3米，是安徽省灵璧县第一高山，位于江苏、安徽两省交界处，它的周围有8座大山，区域面积37平方千米，故称"九顶山"。九顶山是一座神秘的、有通天路之称的大山。九顶山南侧有5千米长的"仙人洞"，洞虽不大，却很幽静，洞顶垂下无数钟乳，石缝滴滴答答地响着泉水。九顶山西侧的凤凰山上有着著名的"圣水泉"，池内一年四季"汩汩"地上涌着泉

雾中九顶

白灵玉雕　合和二仙　王共亚

水，泉水清澈透底，源源不断地流往山下。传说圣水泉是仙人洗药炼丹的地方，

此水能治百病，每年四面八方的客人来此都要喝上一口，据说能避灾祛病。山脚下有"水漫栏桥""金山寺""朱元璋准备建都的地方——京渠"等名胜古迹。

有关九顶山的神话传说有很多。

说很久以前，各路大仙慕名来此游玩，寻幽避暑。这里重峦叠嶂、山水相连（有冠山湖、九顶湖、马山湖），湖水波光粼粼，林木苍翠。山上的古寺（古寺里有十八罗汉）掩映在茂密的树林中，树上爬满青藤，残枝垂吊。各路大仙被这迷人的景致所陶醉，他们争先恐后地数着周围的山峰，可数来数去，只能数上八座山峰，怎么没有九座呢？九座是吉祥、平安盛世的意思。等到他们恋恋不舍离开此地时，才恍然大悟，坐在他们屁股底下的一座主峰竟然忘数了。这座主峰就是现在的九顶山。据说，各路仙人每年农历三月三日都要来此一聚，并争相数这些山峰，但总有一些仙人数不对，原因还是忘记脚底下一座没数。

消息不胫而走，当地百姓纷纷上山观风景、数山头，但多数百姓数不出，即使有人数对了，下山后不久便死去。

消息很快传到了北海神仙王婆那里。王婆带着一家老小来到九顶山上，她也被这里的晨曦、雾霭和山水所陶醉，怎么数也数不清。第二天一早，王婆和她的子女们便带上一摞黑碗再次上山。这次，她每数一座山峰便叫孩子们去那山顶扣上一个黑碗。下山时，她又重新数了数，整整九座山顶，故称"九顶山"。她这才高兴地回到北海。后来，当地百姓上山再数山头时，数对的回来后也不会死去，从此九顶山便有了大吉大利之兆。现在的九顶山各峰上还能清晰地看到当年王婆仙人所扣的"碗底"痕迹。故此，九顶山便有了自己真正的名字。大仙碗下所扣的山峰从此再也长不高、长不大，但每座山峰的周围都有无价之宝，其中磬石、奇石、红皖螺大理

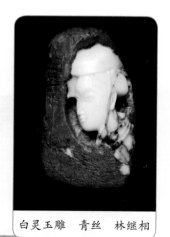

白灵玉雕　青丝　林继相

石、白灵石等闻名海内外。

　　还有个故事，明朝开国皇帝朱元璋带兵打仗路过这里，发现这里地势险要，风水好，决定建都在九顶山下。其谋士观其山势，发现周围有八座大山，其势像个（猪）圈，便纷纷向朱元璋献策说："吾主，

白灵玉雕　母与子　林继相

朱（猪）进圈，万万年。"其意是说，朱元璋在此建都，能统治天下千秋万代。军师刘伯温则认为，此地虽好，若统治时间太长，有违天意，便向朱元璋献计说："吾主，在此建都虽好，不如向南射一箭之地建都更好。"朱元璋采纳了刘伯温的建议，便派弓箭手站在九顶山上向南射出一箭，箭头刚要落地，突然一只雄鹰衔住箭头向南飞去。朱元璋急忙派出骑兵跟踪，发现雄鹰把箭头衔到南京的紫金山上才放下。朱元璋大怒，不愿到南京建都，坚持在九顶山下建都。刘伯温劝道："吾主一言九鼎（顶）不容更改，再说这也是天意所为呀！"后来，朱元璋不再说话，闷闷不乐地在南京建造了明朝首都。据说朱元璋统一天下后，还多次回到九顶山游玩，他对身旁大臣说："我朱元璋没有万世统治天下的造化，这是天意所为。"从此，朱元璋的"一言九鼎（顶）"与九顶山便密不可分，传说也更加神奇了。

二　白灵有约

　　那是"沾衣欲湿杏花雨"的季节，我和王共亚先生一起去拜望久仰的林继相大师。

　　我们从共亚的工作室出发，也不知穿过了多少个熙攘的街道，终于到了林大师所住

初相逢。本书作者第一次与两位玉雕大师相聚于林继相刚刚落成的个人艺术馆。

王共亚（左一）、林继相（左二）、张继新（右一）

的小巷。透过车窗，我远远地看见一个很帅气的中年人站在路边朝我们来的方向静静地张望。共亚告诉我，他就是林继相大师。

一下车，林大师就把我们带到了他刚刚落成的白灵玉雕艺术馆。从那还没有布局好的展板看，我想我们可能是来大师个人艺术馆的第一批白灵玉的崇拜者。

白灵玉雕　刘海粟　林继相

看到林继相大师的《浮世绘仕女》《文化名人》等系列作品后，我被林大师作品那天高海阔的深邃意境所震撼，脑海中浮现出他练达的阅历来。

林继相出生于书香世家，自幼酷爱雕塑、雕刻，少年时期就展露出卓越的艺术天赋，青年时期受中国工艺美术大师卜昭信先生欣赏，得到绝佳的学习机会，在雕刻手法和创作思想上受卜大师影响颇深。20世纪90年代初，林继相前往中央美术学院刘焕章雕塑工作室学习当代雕塑、雕刻，为后期的艺术创作积淀了丰富的专业技巧和成熟的创作思想。

林继相先生是白灵玉艺术创作里程碑式的人物，他的白灵玉作品既融合了传统的雕刻技法，又创新了玉雕的艺术表现形式，他把白灵玉的玉质之美、工艺之美、意境之美、造型之美在写意的基础上更加艺术化。他的雕刻线条流畅、造型圆润、雕琢技艺简繁适度，将仕女古朴的发髻、娇嫩的肌肤、纤细的手臂表现得栩栩如生，仿佛丽人在世，撩人心醉。

恍惚间，林大师已沏好了茶，热情地让我们坐下。我坐在林大师的对面，倾慕地打量着他。

林继相先生中等身材，不苟言笑，说话和做事一样，认认真真、一丝不苟。由于共同的爱好，我们的谈话自始至终都没有离开白灵玉这个话题。我们谈到了白灵玉的过去、白灵玉的现状、白灵玉的性能、白灵玉的前景及展望，各抒己见，相互补充，其乐融融。其中有一个话题我们讨论得比较深入，至今还记忆犹新。

多年来，我一直有出版一本有关白灵玉书籍的想法，希望把白灵玉这个优质玉种以答疑的形式介绍给广大的玉石爱好者。话题一出，就得到了林大师和共亚先生的一致赞同，

白灵玉雕　万象更新　王共亚

他们从不同的角度向我提出了很多很好的建议，并愿意无偿提供他们多年来所创作的白灵玉雕艺术精品的照片供我选用，我倍受感动。及至中午，我们的谈话仍然意犹未尽。

见面的时间是短暂的，讨论的话题也是有限的，但给我的启发却是深远的。那天中午喝的是什么酒我早已模糊不清，但林大师的谈吐以及林大师对我的鼓励，时刻萦绕在耳际，至今难忘。

经过一年的努力，我利用业余时间终于完成了《中国白灵玉》一书的初稿，不久，就可以交给大师审定了。一想到这，我略微有些欣慰，欣慰的是我没有辜负那次有关白灵玉的约会！

在春日的微风中轻歌曼舞，洒落一地阑珊月色，这是林继相大师的《舞者》。愿大师的创作更加温润，更加柔美，更加轻盈！

三　寻师记

三年前的盛夏，我带着自己收藏多年的白灵玉去江苏徐州，目的是找一位玉雕师傅把她雕刻成艺术品。一是想观察一下白灵玉作品的品位；二是想接触一些玉雕艺人，见证一下"徐州工"是否像网上所说的那样了得。

烈日已近当头，我们一行三人沿着徐州西郊，一路向北寻找。到中午时分，终于打听到了一家不大的玉作坊，它在徐州北面的城乡结合部。走进一个被

辗转数百公里，终于找到梦想中的玉匠……

张继新（左一）、王共亚（右一）

杂树环抱的居民聚居地，再转进一个深深的巷道，琢玉机器的鸣叫声便扑面而来。按一下门铃，应声而来的是一位30岁左右的年轻人，听说我们的来意后，很客气地把我们带进了他的工作室。我拿出玉料，他接过去放在地上，认真观看，然后起身说，料很大，待设计好题材后再联系。于是我俩交换了名片，就告辞了。

他姓王，收有5个徒弟，专做青海玉。这是我与他通过简短交流后所获得的信息。

回家的路上，同伴直犯嘀咕，说那么年轻，还带几个徒弟，也不知功底如何。我心里也不踏实，生怕糟蹋了那块料，但又不由自主地勉强安慰同伴："也许还行，有志不在年高么！"

一个星期后，小王给我打来电话，说那块玉料他带给他的师傅看了，他师傅说做观音最合适。我问他师傅姓什么，他说也姓王，并且强调他师傅做观音很有名，在整个徐州市都能数得着。也许小王听出了我的疑虑，特意邀请我再去一趟徐州，见见他的师傅，然后再作定夺。我答应了。

时光荏苒，待我忙完了手头的工作，转眼到了初秋。在一个秋高气爽的早晨，我又赶到了一直让我放心不下的徐州。

本书作者与白灵玉雕刻大家林继相先生在其家中合影……

张继新（左一）、林继相（右一）

　　从小王的住处出发，大约走了不到 10 分钟的车程就到了小王师傅的家。巷道旁，一棵高大的白杨树下站着一位中等身材、圆脸的中年男子，正朝我们的方向招手微笑。我下了车，小王走向前介绍说："这就是我师傅。"几句寒暄之后，我们就上了师傅二楼的办公室。

　　说是办公室，其实就是一间不足十平方米的杂货铺：一张破旧的木床上放着一张不配套的旧床板，床板上堆放着几块白灵玉的毛料，床的对面放着一张操作台，台前坐着一位中年妇女，正在给半成品的白灵玉做手工抛光，剩下不多的空间里随意摆放着几张小木凳。我感到很压抑，是因为小小的窗户上挂着一层厚厚的窗帘？还是因为房顶上的电灯泡实在太暗？我不得而知。

白灵玉雕　深山藏古寺　王共志

待王师傅介绍完他对我的那块白灵玉的构思后，我的脑海里依然一片空白，只隐约听到观音、莲花、童子之类的几个名词。

　　初秋的天气依然很热，大家都出了汗。王师傅让我们下楼看看他的玉雕作坊，我很不情愿地同意了。刚下楼，烦躁的机器声就扑面而来。我狠狠地瞥了一眼年轻的小王，觉得他很可恶，但他仿佛无事的姑娘一般依然笑嘻嘻。

　　穿过狭窄的厅堂，再往前走就是玉作坊。王师傅走在前面。推门进去，墙角摆放着几件玉石作品。

　　"这是用白灵玉做的吗？"我一下就惊呆了。"是呀，这几件作品都是用白灵玉做的。"王师傅很自信地回答。

　　我顺势蹲下，仔细端详，仿佛走进了动物的王国：浩瀚的北冰洋惟余莽莽，一只硕大的雌北极熊呼啸前冲，腾起前爪，怒目圆睁，张开血盆大口朝

白灵玉雕　王进

着另一只北极熊奋力扑去；而另一只北极熊四腿蹬天，那甘拜下风、俯首称臣的败象一览无余。在雌熊身后不远处，还有两只小熊仔，一蹲一卧，力往后收，脖颈往后缩，瞪大眼睛惊愕地盯着前方的搏杀场景。此作品是一块约40厘米见方的黑底高山雪花白灵，作者用油润净白的白灵玉肉，采用浮雕与镂空雕相结合的技法，将北极熊的护犊之心、霸勇之势表现得淋漓尽致；作品还利用白灵玉的结构机理，明暗结合、大小结合、动静结合，刚柔相济，神采倍增。由此可见作者熟稔精湛的雕工和非凡的艺术创想。

还有一件作品是白灵观音，这是在一块30厘米见方的白灵玉上雕琢而成的观音像。仔细一看，果然了得！作者利用玉石丰富的对比色泽，依形就势地布局出丰富的景物，营造了隐逸、深邃的意境。构图和谐严谨，观音打坐的莲花、手持的净瓶杨柳、端宁的宝象，都刻画得细致精准；流畅的艺术气韵，充盈在作品的每个线条和弧面之中，把观世音的智慧、慈悲、善良、神通和普度众生的菩萨之心表现得淋漓尽致。

"不！他不只是徐州观音第一人，而应是江苏甚至是中国观音第一人！"我折服了！

"怎么样？"王师傅双手拄着膝盖俯下身躯问我。

"太棒了！"我站起身来，不由自主地握住王师傅的手，顿时肃然起敬。

王师傅带我在他的玉作坊里转了一圈。他的几个徒弟都在飞快的转轮下专心致志地雕琢白灵玉。由于声音较大，说话不方便，王师傅建议我再到办公室坐一会。

二楼的小窗户已经打开，灿烂的阳光随同新鲜的空气飘进了小屋，使人感到神清气爽。中年妇女端上两杯茶放在操作台上，小王赶紧介绍说："这是我师娘，专做玉器抛光的。"我起身还礼。王师傅脸色红润，开始有点腼腆。我先介绍了自己的工作和爱好，当师傅听说我对白灵玉有研究时，顿时来了精神，认真地介绍起自己的阅历来：从玉雕世家到学徒工，从辗转深圳在名家手下学习到师成回乡巧遇白灵并与之结下不解之缘，慢条斯理，娓娓道来。

我听得入了神。之前，我常常听说徐州有位白灵玉雕的开拓者，成绩斐然，但始终无缘相见，听了师傅的介绍，才恍然大悟：原来我苦苦找寻多年的白灵玉雕第一人王共亚先生，此时此地就坐在我眼前。

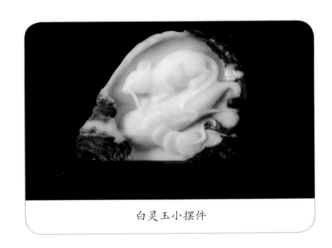

白灵玉小摆件

我陷入深深自责，后悔不该以貌取人。

在我心中，所谓大家，要么挂眼镜，要么蓄长发，要么着奇装，我无论如何也没有把眼前这位衣着朴素、言语朴实、憨厚十足的中年人与"中国青年玉雕家"联系在一起。差一点误了我的大事！

"王师傅，楼下的那两件作品都是你亲自做的吗？"我打破短暂的沉默，悄悄地问。

"是的，是我亲自做的，是准备送上海参展的，所以我要亲自做。"

"你的作品获过奖吗？"

"获过。那都是我随便做的，我没有把获不获奖当回事。"

"没把获奖当回事"，在这个物欲横流的时代，这是多么难得的胸怀啊！这就是一个普普通通的玉雕人、一个普普通通的劳动者，天高地远的豁达境界。

白灵玉大摆件

他和那些我所知道的拿着别人的玉雕作品去参展、去获奖却一点都不脸红，连最起码的玉石雕琢技艺都不懂的"大师"相比，王共亚、王师傅、王先生，不是大师、胜似大师！

在我起身告辞的时候，窗外大白杨上的知了开始阵阵鸣叫。王师傅谦诚地对我说："你送的那块玉料我要亲自设计、亲自做，就看在今天我们兄弟俩人结下的情谊上，我也要把这个观音做好！"

多么好的师傅啊！

去年的春天，我带着浓浓的情感专程去徐州看望想念中的小王和他的师傅共亚先生。

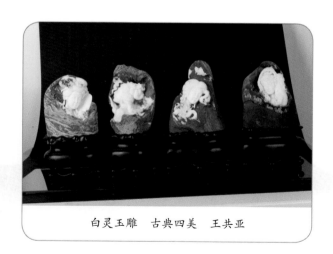

白灵玉雕　古典四美　王共亚

小王的家早已人去楼空，邻居告诉我，他被一商人以每年36万元的高薪聘到四川专做观音去了，他的五个徒弟也一同被聘去了。我感到很惆怅！

见到王师傅，他依然把我带到他的办公室，急不可待地从他办公室的旧床板下拿出他亲手设计好的我的那块毛料，问我满意不满意，并再三解释说，他很忙，订货做不完，催货又不断，所以至今没有做，实在没办法，请我再等一等。我说："没有关系，自从去年认识你们师徒二人以后，我的心中就有了白灵观音了，拥不拥有实物，已经无所谓了。"

师傅开心地笑了，笑得是那样灿烂！

是的，我确实已经有了一尊白灵观音，她无时无刻不在我心中！

愿我的两位师傅快乐、平安！

四 农夫与石三部曲

（一）傻子

胖子刘是一个地地道道的农夫，祖祖辈辈生活在一个偏僻的小山村里。他承包着十几亩荒山，荒山上长着很多白色的石头。

白灵玉雕　驼路佛影　王共亚

有一天，来了一个城里人，要买刘胖子的白石头，说是用来烧制白石灰。说来也巧，胖子正准备给儿子办婚事，手头正缺钱，突然碰到这送上门的好事，怎容得他多想？

"我的石头我做主，卖就卖吧！"刘胖子暗喜道。

双方经过讨价还价，最终居然以一万元成交了！

一万元！这在二十世纪九十年代中期对于一个以种地为生的农夫来说可是一个天文数字！

刘胖子高兴得三天三夜没有合眼。

消息不胫而走，整个山村像烧开了的热锅，沸腾了，全村上下议论纷纷，有说好的，有说坏的；有当面道喜的，也有背后嫉妒的；但更多的是惊讶，傻！城里人真傻！是呀，乡里人连垫墙根都不用的一文不值的烂石头，居然有人

白灵玉雕 佛心 王共亚

高价购买，这还不傻？！

"傻子"带来了十几个壮汉，在刘胖子的白石山上打眼、放炮、搬石装车。村里人有远远看热闹的，也有上前搭讪并顺便帮帮忙的。城里人表现得很慷慨，凡靠近或帮忙者都有好烟、好酒、好饭招待。

这样像过年一样忙活了十一天，城里人如风卷残云一般，拉走了二十二大卡车白石头。

从此，老农卖石与傻子买石的全过程，被当地人编成了各种不同版本的笑话，在白石山周围的十里八村广为流传。

（二）卒 子

山村里渐渐有人做起了石头的买卖。刘胖子到李斜眼家观察了一个上午，觉得没有什么难处：就是先把山上带些许白石头的各种石块开采下来，然后加工成各种"山峰"的形状，最后配上底座就可以出售了。

白灵玉雕 罗汉 林继相

闲着也是闲着，刘胖子心动了。

第二天，他就上街买来了各种石具，做起了石头的生意。一个月下来，刘胖子粗略地算了一下收支：净赚一千多元。

某一日，李斜眼告诉刘胖子一个好消息，说今后就不要辛辛苦苦地把石头运到县城去卖了，村里有个刚刚转业的军人虎子专做石头外销，价格与他们在县城卖的一样。

"好好好，我最不适应的就是这一节。"刘胖子喜不自禁。

虎子给的价格确实不低。不久，全村二十几户石农生产的成品石艺全部都心甘情愿地卖给了他。

两年后，虎子家盖起了一座三层高的大洋楼。全村的石农都震惊了！

又过了半年，虎子家又买了一辆乡里人几

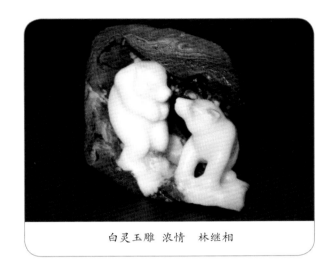

白灵玉雕 浓情 林继相

乎见不到的小轿车，那颜色就和十年前刘胖子卖给"大傻子"的白石头的颜色一模一样。全村人都惊呆了！

刘胖子不相信这个事实，他约李斜眼去虎子家一看究竟。

虎子正忙着给外地的石商发货，他看出了两位大伯的来意，笑问道："这是你们卖给我的石头吗？"两位摇摇头。

"这就是你们卖给我的石头！"虎子肯定地说。两位大伯张大了嘴巴。

"我把你们的石头用不同型号的砂纸打磨了几遍，又把你们做的那些杨树底座换成了红木底座，经过这么简单的包装，价格就翻了几个跟头；另外，我还开了一个网上超市，在网上卖石头，现在是供不应求啊！"

刘胖子仔细看了一下虎子精心打磨过的小山头，那白石头显得更加细腻、更加滋润，就像一片片雪花点缀在多彩的

白灵玉雕 钟馗 王共志

山头上，美极了！

李斜眼顺势瞥了一下刘胖子："咳！几十个老石农竟没有玩过一个兵卒子！"

"不瞒两位老前辈，昨天我有一块西瓜大小的白石头，还卖了两万多元呢。"兵卒子最后说。

"什么？是吗？"刘胖子的心里阵阵犯疼，他扶着墙角才慢慢挪回家。

白灵玉雕　天山春色　王共志

（三）孙子

刘胖子的孙子刘大宝高中毕业后去城里找了一份制作玉器的活计。刘老汉问大宝做的是什么玉，大宝说那种玉与我们村的白石头差不多，只不过更白一点罢了。

刘胖子最近常听说村里人把自己的白石头带到城里当玉卖，他不知道怎么个卖法，现在听孙子这么一说，他仿佛有些恍然。但让他百思不得其解的是，村子里最白最好的石头都让他 20 年前卖给城里的那个大傻瓜做白石灰了——难道这是一场骗局？

刘老汉决心探个究竟。他按照孙子留给他的地址，起了个大早就进城了。

他找到了孙子所在的玉雕厂。

刚踏进大门，隆隆的机器声里猛然蹦出一句话来："38 万，一点也不能少了！"

刘老汉循声走去，前面是一个装饰很漂亮的办公室。他走近一扇窗户向里张望，只见椭圆形的办公桌的一边坐着几位很时髦的青年，另一边站着一位披着长发的中年男子，嘴里还在不停地说着："你们看这玉色、这人物、这雕工，这可是我老爸亲自做的！"

老刘从衣带里摸出老花镜，仔细向桌子上瞧去：那是一块 40 厘米见方的小"山"，"山"上有"松树"、有"人物"、有"花鸟"。

白灵玉雕　贵妃赏花　林继相

"这大概就是玉山子吧，美极了！"刘老汉撇进角落里自言自语道。

话音刚落，从里屋走出一位白发苍苍的老者，大家都不约而同地站了起来。

"王大师好！"有相识者喊了一声。

"这可是用我 20 年前购买的一批老白料做的。全世界独一无二的白、全世界独一无二的润。你们要是买回去千万别卖，好好收藏，这个'山子'将来肯定会涨到千万元之上的。"老者字字千钧，很自信。

刘老汉把浑浊的目光聚焦在那位老者额头上的黑痣上，这不就是 20 年前买我白石头的那个"大傻子"吗？

刘老汉何止是郁闷！他本想与孙子打声招呼，却身不由己地转身离开了。

"孙子！"刘老汉愤怒至极！

"傻子买、傻子卖，还有傻子在等待！"

走出大门口，一群小朋友天真无邪地唱着童谣。

"这说谁呢？"刘老汉打了一个趔趄，踉踉跄跄远去了。

五　白灵往事

偶与石友林老板相聚，谈论最多的自然是石头。林老板说他正好要去四里村进点货，让我也一同碰碰运气。我半信半疑地答应了。

我们是第二天天刚亮就出发的。那时的乡间公路真是差极了，等我们到达

白灵玉原石

京渠时，已是上午九点多钟。再往前走，简直就不是路了，车子就如同驶入战壕一般，一上一下蹦个不停。我抓住车把手向外张望，仿佛到了天际：两座山之间夹着一条蜿蜒的小路，缓缓地向前延伸着，其间一个人影也没有。待到穿过低矮曲折的峰峦，在我被摇得急不可耐时，眼前突然闪现出一个偌大的山寨来：村里的炊烟还没有散尽；冬日的阳光映射在被一群小白鸭占据的清凌凌的河面上；河边有几个孩童正追逐着一片羊群，蹦着、跳着、叫着。我下意识地摇下车窗，顿时，鸡鸣狗叫声便扑面而来——真是世外桃源啊！

　　林老板把车停在村中间的那条小河边，看着我说，四里村到了。我们下了车，向前只走了几十米，就看见河堤上堆放着至少有几十吨的白灵石，老林说，这都是几年前他和几位朋友花六万元买的，前边就是他几位朋友的家。

　　我们转入一个巷道，不远处就是一户周姓人家：三间平房，一个大院子，但大门紧闭。我俩停下脚步，老林开始给周大哥打电话。也许是林哥的声音太大打破了彼时的宁静，突然，院内犬声阵阵，从门缝里可以看出是一只拴着的大狼狗，黑头、黄背，口中喷着白沫，凶悍无比。这时，大铁门一侧的小门开了，跑出一个十三四岁的小伙子，穿一身紧身服，头发梳得很直，油光发亮，宛如一个大户人家的公子。小伙只对我们远远一笑，就迅速跑开了。紧接着，一个衣衫褴褛的中年妇女探出头来，头发很长很乱，眼睛直直地看着我们。老林说，这是周老兄的媳妇，是个智障女，是老周二十年前从四川娶来的，刚才跑出去的那个男孩是她和周大哥生的儿子。老林见我有点疑虑，又补充道，像她这样从外地娶过来的女子，这个山村里还有好几个。

周大哥回来了，扛着大铁锹，老远就向我们打招呼。他个子很高，长得很壮，说话声音响亮。当老林介绍完我们的来意后，周大哥把铁锹扔在墙边，又拾起一个大铁叉，只三两下就把门旁的一个大柴垛给扒开了。啊！原来不是柴垛，是麦草盖在一大堆一人多高的白灵石上。老周说："这是两年前买的料，如果能相中，拉走！"我问他这是哪里的石头，他用手指着我们来时经过的那几座山头说："就是那山上的。"我不解地问："不是独堆村产白灵石吗？怎么你这儿也有？"老周说："你错了，独堆村不产白灵石，都是从我们这儿买的胚子拉回去加工的。"我半信半疑，老林插话道："有道理，但不全对。"

随后，周大哥就向我们介绍他十几年前卖给城里人二十几大卡车白灵石的故事，说完，哈哈大笑起来，但随即又低头自语："唉！真傻！"

听完周老兄十几年前卖石头的故事，我的心情异常沉闷，回家后心里久久不能平静，就写了一篇《农夫与石三部曲》刊发在人民网上，其中，傻子的原型就是老实巴交的周大哥。

村民们听说我要买白灵石都闻讯而来，你一言我一语问个不停："你们要这种石头干吗用？""真是用这种石头做白石灰吗？""这种白石头与城里卖的白玉有区别吗？"我没有一一解答，只是支支吾吾地说，是、不是或者不知道。

临近中午，乡亲们都逐渐散去，林老兄联系好送货的车，又陪我看了几家白灵石"专业户"。

你别说，这里的存货还真不少，都是满满一院子的白石头，

在本书即将出版前夕，作者与三位白灵大家再聚徐州，共话白灵。

（左一）王共志　　（左二）张继新
（左三）林继相　　（右一）王共亚

白灵玉雕　开口有喜　王共亚

要价也不高，一吨也不会超过 2000 元。尽管如此，我一个也没买。说实话，白灵石如果不经过打磨、抛光、酸洗等程序是看不出庐山真面目的，再牛的专家也分不出好坏，这也是四里的白石头不为外界所知的真正原因。

准备离开四里前，我和老林再次来到周哥家告别。老周一听说我们要走，脸子一拉说："山里的饭不能吃怎的？"我急忙解释说，回去有要事，急着赶路，等等。在我与老林的再三央求下，周大哥终于让了步，我们就站在他的院子里道别。

白灵玉雕　佛语　王共亚

在周大哥的呵斥下，大狼狗已顺从地趴在地上，但还不时地对天长嚎两声，以此来宣示自己的存在，周妇人已早早地撤进堂屋，用她那干裂的手扒着门框，瞪大眼睛直勾勾地看着我们。说话间，周大哥突然一头扎进他低矮的厨房，转眼抱出一块将近百斤重的白灵石来，非要让老林把车门打开放在车上不可，说是送给我这个城里来的新朋友。我不知所措，伸手就去包里拿钱。周大哥用他那粗大的双手紧紧地按住我说："送的，怎么可以要钱呢？"

我们的车子启动了，周大哥站在车窗外不停地向我们挥手。车子向前开了几百米，我回头看了看，周大哥依然还站在原地深情地望着我们。这时，他的儿子也回来了，与他并排站着，儿子正用手指着我们的车，好像在与他爸爸说着有关我们的话题。

回来的路上，老林说："山里人老实，就像他们山上的石头一样实实在在。"我说："是的，但我不该要他的石头。"林兄说："老周就这么个人，你不要肯定是不行的。"

白灵玉雕　禅机何处　王共志

到家后，我把老周送给我的大白灵配置一个底座放在了自家石馆的显眼处，每每看到它，就仿佛看到了周大哥一家三口，心里五味杂陈：闭塞、贫穷、纳妻、生子，是多么的不易。但，他们知足，始终微笑并快乐着，这就是生活在社会最底层的可爱的中国人！

如果有一天能静下心来，我一定会把周大哥送给我的那块大白灵石雕琢成一个送子观音，再回送给朴实的周大哥。

他会接受吗？

我想，会的。

六　那猪、那人、那神

去年初，我想用白灵玉做几件传统玉配饰，先是给扬州玉雕界的几位朋友打电话，他们一听说是安徽的白石头全都找出不一样的理由一一婉拒了。无奈，我急忙上网搜索玉石加工的信息，还真不少，选取其中一个号码打过去，

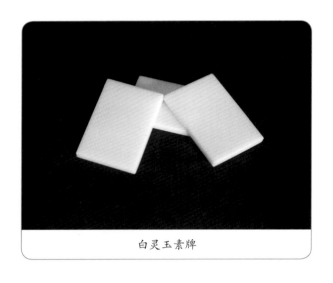

白灵玉素牌

对方很热情，自称姓王，家住河南省镇平县，已有二十多年的玉石加工经验。我简单地介绍了白灵玉的性能之后，他说以前没听过，也没做过，让我把石头寄过去看看再说。

我选了两块石头，照对方给的地址寄去。第三天，王先生回电说货已收到，初步想法是，用其中一块料做玉牌，用另一块料做个摆件。我说行，让他就这么办。对方随后报出人工费300元。由于王先生说的是本地方言，我怕听错了，又让对方连续重复了三遍，还是300元。如此之低的加工费，着实让我感到很惊奇。我在想，料是一般的料，无论做出什么样的怪物来，我都认了，因为工几乎是白送的。

又过了三天，对方打来电话，说玉件已做好，一个发财猪，十个玉牌子，照片已通过微信发过去，请收到货以后再打款。我又着实吃了一惊，仅十个玉牌，若按扬州三流的工手，费用至少也得5000元，更何况，还有一个令人期待的玉摆件呢？

我在忐忑与惊喜中等待着。真是无巧不成书，又是一个三天，货到了，打开一看：一个摆件、十个玉牌，一个都

黄灵玉雕　寿比南山　王共亚

不少。只不过玉牌是"素"的，摆件是一只玉猪。猪很肥、很笨、无精打采，雕者想用黑色做猪的头部，但俏色运用得不巧妙、不协调，有画蛇添足之感，做工也极其一般。我如梦初醒，不禁感叹："原来如此！"

无论如何，我还是要感谢王先生，仅热情、神速这两点，就是高傲的扬州的师傅们无法比拟的。

所以，我给王先生转了320元。那20元，不是奖励，是他没有提出的邮寄费。

王先生亲自做的发财猪我时常把玩着；王先生精心打磨过的素玉牌我时常品味着。转眼到了五一，我想，这些无文无字的玉牌子如果能变成龙腾虎跃的活物该有多好啊！

我决定去河南镇平县去拜会一下只闻其声未见其人的王先生。

乘着春日温暖的阳光，车辆平稳地行驶在去往镇平县的高速公路上。真是天有不测风云，当我们进入镇平地界时，天空突然阴沉下来，到了镇平县城后突然狂风大作、瓢泼大雨倾城而下。不到10分钟，整个街道就变成了一片汪洋。

白灵玉牌

无奈之下，我们只好把车停靠在了一个商场门口，开始给王先生打电话。王先生听说我们已到，立即道："很不巧，现在有事，不能见面了。"我说："行，你先忙，反正我在镇平可能要待两天，方便时再联系吧。"

放下电话，我无端地觉得王先生不是因为忙而不见，而是另有隐情。兴高采烈的我，瞬间迷失了方向，就如同天空中飞过的孤雁，不知去向何方。好在雨渐渐小了，风也渐渐远去，抬头向前望，发现马路右前方有一宾馆，于是决定还是先住下再说吧。

白灵玉山料

宾馆很大气、很干净，服务员也很勤快，她们边办手续边回答我们提出的疑问。当我们问到宾馆周围有没有玉器加工厂时，大堂左侧的沙发上迅即站起一位中年男子，满脸笑容，径直向我们走来。

"你们是买玉器还是加工玉器？"

"加工。"

"我们宾馆老板就是做玉器加工业的，规模在镇平县是最大的。"

经过简短交流得知，宾馆老板姓冯，以玉石加工为主业，目前资产已达几个亿。他姓李，是冯老板的表叔，负责宾馆接待事宜。考虑到天色已晚，李先生建议我们第二天一早去他厂子里先看看再说。

五月的清晨，经过暴雨洗礼后的镇平县城干净整洁，风和日丽。一大早，李先生就如约来接我们去冯老板的玉器展示大厅。

进入大厅，我震撼了：数十件比人还要高大的超大型翡翠山子雕、数百件翡翠玉雕精品摆件摆满了整个上千平方米的展厅。我在想，普

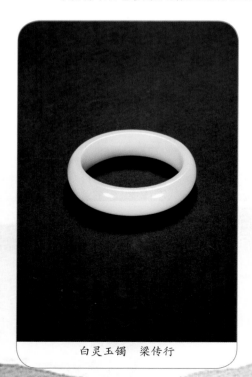

白灵玉镯　梁传行

通人如果能有一件这样的翡翠精品就能够吃上一辈子了，这满屋子的翡翠精品又是一个什么概念啊！

正走神，李先生带来了一个小伙子，他中等身材，红光满面，喜气洋洋，一双大眼睛闪烁着智慧的光芒。李先生向我介绍说，他是冯老板的二弟，负责集团公司的玉雕业，你们谈谈吧。

几句寒暄之后，我们已走到冯先生的办公桌前，我急不可待地拿出王先生给我做的玉猪和十件素玉牌以及随车带来的一件大约二十余公斤重的白灵玉大块型山料。冯先生娴熟地用强光电筒一一照过之后，很淡定地说："猪是越丑越好，如此憨态也是一种别样的美，咱就别折腾"二师兄"了；素牌我给你做几件，你看看效果再说；至于那块大山料，我请加工部的大师们看

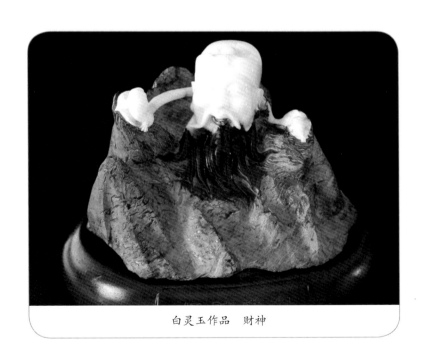

白灵玉作品　财神

过之后咱们再联系吧。"

"大师？国家级的？"我有点狐疑。冯先生看出了我的顾虑，说："是，

是国家级的，我们公司有好几位国家级的玉雕大师，还有十几位省级玉雕大师。"

回想刚刚走过的展厅，我信服地说："好！好！好！"

真是天遂人愿，不虚此行。心里的一块石头终于落了地，顿感神清气爽。

走出展厅，我又想起了王先生，接着给他打电话，关机！下午，我又第三次给他打电话，终于通了，接电话的好像是一位小青年，听完我的介绍后，他说他从来没给别人加工过什么玉器，是我打错电话了，然后迅速关机。

我怎么能够打错电话呢？我采用的是重播，而且我几乎每天在微信里都能看到他叫卖玉器的宣传册（宣传册里有其手机号），真是奇怪了！

冯先生果不食言，我刚到家，就收到了他在微信里发给我的一个"财神"的设计图案，并报了价，我掂量了一下，欣然应允。

一周后，冯先生通知我领取玉牌、迎接"财神"。

托河南的一位好朋友帮我取了货，经过几次辗转，包装箱终于放在了我面前。我小心翼翼地打开，首先看到的是玉牌，三支牌子上雕的都是或蹲或卧的羔羊，尽管都是机器加工，但羊的精气神却很饱满；当我急不可待地把包装盒里的最后一道包装绒布轻轻掀开时，一尊"财神爷"显现在我面前。我俯下身躯，仔细端详，怎一个"好"字了得！

一是布局好。这是一块大约40厘米见方的灵璧石，共有四类石头构成，分别是灵璧灰磬石、灵璧黑磬石、灵璧白灵石和灵璧白灵玉。作者把此石的精华部分——白灵玉设计成财神的头部和面部；把白灵玉下面的两绺白灵石做成了两支摆动的官帽翅及趴在官帽翅上的两只玉蟾；把黑磬石雕琢成财神爷的长髯；而余下的灰磬石则自然天成为财神爷的上半身。层次分明，对比感强烈！

二是创意好。此作品雕有一神、一帽、一花、两物。一神就是一尊财神；一帽就是一毡官帽；一花就是官帽正中央雕的一朵盛开的牡丹花；两物就是官帽翅上伏着的两只肥硕的三足玉蟾。官帽形似元宝，象征官运、财运鼎盛；怒放的牡丹花是大富大贵之意；两只三足金蝉寓意财源广进、财源滚滚。因此，

白灵玉雕　知足常乐　王共亚

该作品福、禄、寿、财、喜一应俱全，一好百好！

三是雕工好。采用圆雕、浮雕等多种雕刻技艺，以石随形、一气呵成，让一个面带微笑、黑髯飘飘、气定神闲的财神爷栩栩如生，尤其是官帽翅曲折有力，彰显出了财神的动感，帽翅上卧伏的两只肥硕的玉蟾，一大一小，使财神爷的动感更加自然超脱，真乃活灵活现之神也！

一块普普通通的石头，经过工匠们的精雕细琢，不仅被赋予了生命，还衍生出千般万好的寓意，这种构思之精巧、琢磨之严谨、造型之逼真的成熟与练达之美正是中国近万年玉文化博大精深的内涵之所在，所以，我常常沉迷于这博大精深的玉的世界里难以自拔。

岁月像一条永不停息的小河静静地流淌着。从玉猪进家到财神临门，不知不觉半年过去了。半年来，李先生的大肥猪我小心地养护着；三块被冯先生焕发了生命的小玉牌我常常抚慰着；受人尊崇的财神爷我虔诚地供奉着。然而，睹物思人，更让我不能忘却的是三位镇平的新朋友，那就是只闻其声未见其人的王先生，始终微笑着的李先生和年轻、沉稳、干练而又幽默的冯先生。

七　白灵玉的巧雕艺术（本文作者为王共亚）

在中华民族灿烂的五千年历史中，玉从红山文化及河姆渡文化时期开始，历经原始社会、奴隶社会、封建社会、社会主义社会，绵绵不绝五千年，这不仅在中国，在世界上都是独一无二的，这是我们中华民族的骄傲。

白灵玉巧雕作品　佛愿　王共志

玉成了中华文化的重要组成部分，爱玉、赏玉、藏玉已成为我们民族的传统习俗和美德。汉语中许多美好的词语都和玉有关，如玉照、玉肌、玉洁冰清、亭亭玉立、金玉良缘等。中华民族把太多的想象和内涵放在玉文化中，像"玉有五德""君子似玉""君子无故玉不离身"等，而对玉崇拜和神化更是难以计数，这里我也不再赘述。

伴随着玉文化的兴起，大家又习惯性地把5度以上的分为玉，2～4度的分成彩石，像寿山石、青田石、昌化石等。随着社会的发展和人们文化水平的提高，对各种玉和石的需求量越来越大，玉石的价格也是扶摇直上，动辄几倍、几十倍地翻番，让许多艺人都望而却步。如何寻找到一种物美价廉的玉石雕刻新材料以及采用什么样的巧雕技艺成了很多玉石艺人的新课题。下面，我向大家介绍一些玉石的巧雕艺术。

阴刻线：指在玉器的表面琢磨出下凹的线段，有单阴线和两条并行的双刻阴线。汉代以前的阴线段大多极浮浅，由一段段短线连接而成，若断若续，这是砣具旋转轻起轻落形成的，一般称之为"入刀浅""跳刀""短阴刻线"。

勾彻：按设计的花纹勾出浅沟形凸起线条叫"勾"，也称阳线，商代时常用。把一边的线墙磨出一定的形体叫"彻"，西周时为单彻，即一面斜入刀，另一面为阴刻线，也产生阳文凸起的效果，俗称"一面坡"。

隐起：在线条或块面外廓略减起，形成隐约凸起，触之边棱不明显，红山文化时期即已采用。

浅浮雕：利用减地方式，挖掉线纹或图像外廓的底子，造成线饰凸起的效果。良渚文化时期的玉琮、兽面眼、口、鼻即用浅浮雕。

高浮雕：挖削底面，形成立体图形，并加阴线纹塑形，始于战国，明清时流行。

圆雕：立体造型人物、立兽等，红山文化时期及商代玉器中经常出现此类的玉器。

活环：将玉料削琢成相连的活动环索，可延伸玉料的跨度，春秋时即已采用。

镂空雕：又称透雕，在穿孔的基础上加以发展，最早见于良渚文化时期镂空的玉冠状饰。镂空雕的程序是先在纹饰外廓等距的地方钻管打孔，再用线锯连接形成槽线。商代时镂空玉凤的镂空剖面很平滑，说明当时镂孔对接技术已非常娴熟。元代的镂雕技术有了新的发展，透雕的玉炉顶、荷花芦叶穿插多达三四层，十分玲珑剔透。

花下压花：由多层透雕发展而来，所制玉

白灵巧雕作品　法相庄严　王共亚

白灵玉巧雕作品 意念 王共志

器巧妙地以细密镂空纹饰为底纹，衬托表面半浮雕手法琢制的龙纹或花草造型，形成两层或三层有浮雕的装饰面。

打孔：红山文化时期打孔的形式就很丰富，当时用竹木、皮革为钻具，借助于中介水砂钻磨，由于硬度极低，所以孔洞口沿有磨损，两面钻孔的对接不够准，孔径壁有条痕等。良渚文化时期打眼、穿孔的技术有所提高，玉琮的射径内壁均很光滑。先秦以前由于钻孔的工具原始，孔洞多呈马蹄形眼（单面钻）、蜂腰眼（对接孔洞）。战国以后，使用铁钻头穿孔，孔洞多呈整齐的管状。汉代时，能钻制复杂的人字眼（如玉瓮仲）、象鼻眼等。

底子：铲削后的器面、器壁。古代人制作玉器精益求精，纹饰底子也不惜工本，注意削平磨光，因而十分平整。

灵璧石巧雕作品 昭君出塞 王共志

挖膛：琢制玉器内腹部技术。良渚文化时的高筒玉琮已显示出挖膛技巧的高超，清代的鼻烟壶制作更追求薄壁，这一技术更趋成熟。

抛光：分粗光、精光。战国以后的玉器很注重最后的抛光工序，以使玉雕表面的晶莹润泽的玻璃光泽得以充分发挥和体现。

剪影：所雕出的人物或动物采用正侧面剪影的手法，如同剪纸一样，抓住主要的特征，用熟练而准确的轮廓线勾勒出生动的艺术形象来。

汉八刀：汉代独有，所雕玉器仅"八刀"即可形成，称之为汉八刀，如玉猪、玉蟬等。

跳刀：汉代独有。汉代阴线纹细如游丝，由许多短线连缀而成被称之为跳刀。虽若断若续但线条依然流畅，有的阴线还以极细微的圆圈陪衬。

白灵玉巧雕作品　福在眼前　王共亚

俏色：利用玉料本身的不同的天然颜色，巧妙地琢刻成物体外表的肤色或器官，若能雕刻得恰如其分，则有巧夺天工之妙。俏色是玉雕工艺的一种艺术创造，不同于绘画、彩塑，也不同于雕漆、珐琅，它只能根据玉石的天然颜色和自然形体"依材施艺"进行创作，创作受料型、颜色变化等多种人力所不及的因素限制，一件上佳的俏色作品的创作难度是很大的，其价值也是很高的。

我出生在江苏睢宁，与举世闻名的灵璧石产地灵璧县渔钩镇仅隔数里，这里盛产灵璧石。灵璧石曾被清朝乾隆皇帝御封为"天下第一石"，其姿千种，其态万状，全赖于大自然的鬼斧神工。南唐后主李煜爱"灵璧研山"是赏玩灵璧石最早的记载。宋朝皇帝宋徽宗得"灵

与黑磐石伴生的白灵石

璧小峰"御题"山高月小，水落石出"于石。石癫米芾得南唐后主"灵璧研山"，过镇江，因爱甘露寺旁临江的一处晋唐石建筑，石宅相交后米老却又叹惋不已，抱憾终生。苏东坡为得到灵璧石，曾亲自到灵璧张氏园亭为园主题字、作画，所撰《灵璧张氏园亭记》仍灿然人间。

灵璧石是由于地壳的不断运动变化，又经过亿万年的水土中弱酸性水质的溶蚀和内应力、外应力的自然雕琢，形成了"瘦、皱、透、漏、圆、蕴、雄、稳"等形态美的特点。观灵璧石之形态，有的剔透玲珑，惮奇尽怪；有的肖形状景，惟妙惟肖；有的神韵生动，震撼人心；有的轮廓抽象，写意传神；有的意境无穷，耐人寻味；有的气势雄浑，沉奇伟岸；有的色彩艳丽，风姿绰约；有的晶莹温润，丰采迷人；有的纹理图案天然成趣，妙不可言。

灵璧石属于自然艺术品，它可以同任何艺术品相媲美。要想得到艺术品位高的灵璧石，可幸遇而不可强求。世上有"千金易得，一石难求"之说。

经过上千年的开采，精美绝伦的灵璧石越来越少，价格也成倍地攀升。测试发现灵璧磬石为隐晶质石灰岩，是由颗粒大小均匀的微粒方解石组成，结构致密，其中含有多种金属矿物质及有机物质。号称灵璧奇石之王的白灵石，因白如雪、凝如脂，摸上去油油的、酥酥的、糯糯的，古人不明其理故而充满敬畏，以为是神灵所赐，充满灵性，可保家庭平安，因此称为白灵玉。它和玲珑剔透能发出金玉之音的奇石一起，前者为灵，后者为璧，合称灵璧，这也是灵璧县城名称的由来，白灵石的远古名声和在古人心中的地位

白灵玉雕　地藏　王共志

由此可见一斑。

白灵玉到底该称为石还是玉？如果按科学化分 5 度以上皆为玉，则硬度在 5～6.5 度之间的白灵玉，当毫不犹豫地划为玉。每块白灵玉都伴随着灵璧石而生，或隐居其中，或依附其上，相得益彰，不分不离，所以大家又习惯性地称之为白灵石。长期以来，因白灵石硬度较高，难以雕刻且产量稀少加之其产地经济不发达、交通不方便，没有被大家作为玉雕原料来利用。我在 20 世纪 90 年代初识这种石头，就被它独特的美丽吸引，便用玉雕方法雕一山鬼，没想到立即被一商人买走并开始批量定购，遂放弃雕刻翡翠、白玉、水晶，而专习白灵巧雕，经过多年的摸索实践，我已初步掌握了白灵石巧雕的工艺。如今，仅江苏徐州就有从业者几十人，作为一种新材料的引导者，我心中感到无比的骄傲和自豪。

因每一块白灵玉都不相同，构思也就不同，所以每一件都有独特性、唯一性，这就很容易引起大家无穷的兴趣。比起其他玉料，它的颜色丰富、对比性强。更难得的是，它每一块都伴随着黑色、灰色、黄色等灵璧石而生，留给每一位作者和观者无穷的想象和发挥空间，使人为之陶醉，为之神往。在制作上，每个人可根据各人的专长选择适合发挥自己专长的石料，根据白灵石的形状和质地，巧妙构思并注意与周围伴生的灵璧石相辅相成、相得益彰。灵璧石工艺品既能表现作者的雕刻技巧，又能表现作品的内容和情趣，还有一定的文化品位和思想，充分展示了人工和自然的美，暗合了因材施艺、依石就势、以石配工的传统要求和天人合一的儒家思想，因此大家争相订购也就不足为奇了。

相对于青田石、寿山石中的瓷白芙蓉来说，白灵石的油性和硬度要高很多，非用玉雕方法难以成功。在精细地抛光打磨以后，它能拥有较强的光泽，能长期摆放，永不褪色。

白灵石现在的产量已经不多，几年前政府已封山，价格更是扶摇直上，动辄几万、几十万，愿各位同仁都能充分认识这种料，制作出大量的稀世之作，让它在我们这个盛世中发出崭新的艺术光彩。

八　巧雕为魂——浅谈《乐叟》的创作体会（本文作者为王共亚）

继 2011 年 7 月白灵玉巧雕作品《深山访友》获中国玉石器"百花奖"金奖后，我的一件新作《乐叟》近日在上海第四届玉石雕"神工奖"上，荣获了最高奖项——创新金奖。喜讯传来，我真的是喜出望外，百感交集。几天以来，面对业内朋友们的祝贺，我既感到喜悦和幸福，又感到心有不安。

说起这件白灵玉巧雕《乐叟》的创作，纯属偶然。作品原石本是一块废料，石形修长，中间鼓，两边窄，白灵色块较小也很薄。我以前雕刻的作品，往往以黑色石体衬托，以白灵色块为主，力求达到天人合一，形成天造与人工和谐统一之美。而这块料和以前的思路定势是相冲的，若按照以前的习惯，这块料是无大用的，但因它的灵质很好，所以也没有抛弃，就一直放在墙角。

一次，我到汉文化公园去游玩，见一长须老者坐在石鼓上，手拉二胡，逍遥自在，心无旁骛，周围的观众丝毫没有打扰他的自娱自乐。当时观之，心中突然一动，立即放弃游玩，迅即返回工作室，搜出这块原石，心中暗喜，老者手拉二胡的形象，正是我心中所思。这情形真是应验了一句话：艺术往往来源于现实生活！

王共亚工作照

经过一番仔细推敲，我确定了人物的主题，把人物定格在清末遗老的形象：头戴瓜皮小帽，身穿长袍，坐在石鼓上，双腿自然交叉，雪白的胡子，饱经风霜的双手……我一气呵成，绘出了初稿，有如神助。接着是出坯、打型、定位。初型完成以后，感到人物下部的座墩还多出了一块料，若去掉既可惜也不妥。正在惆怅之时，巧遇玉雕前辈、玉文化学者、玉器百花奖监审委李维翰老师来到我的工作室察看作品。于是，我就将这一细节求教于李老师。看到原稿和原料的差别，李老师深思良久提议道："可利用起来雕一小动物增加活气，这样也有利作品的稳固。"我突然灵机一动："雕一小猫如何？"再仔细一看，我们不由得大笑，很合适！真是一语惊梦，所见略同！就这样，我用凸出的料雕出一只戏抓老者裤脚的小猫，不仅材料得到了充分利用，小猫的动势与作品题材的沉静所形成的鲜明对比，更衬托出老者沉醉音乐的投入神情。这一静一动，使作品更具看点，更有意境，而且在整体造型上增加了作品的稳定性。

白灵玉雕 乐叟 王共亚

完成后的白灵玉巧雕作品《乐叟》，黑白分明、浑然天成，见到的人皆赞赏有加。但能够在高手如云的上海神工奖获得"创新金奖"，是我当初没有想到的。大赛评委点评《乐叟》获奖的原因是"用料得当、构思奇巧"。这使得我更加相信，世上并没有什么废料。大自然的千般万物都是"天生我材必有用"，只要你勤于思考，变一下角度，换一个构思，也许就能化腐朽为神奇，取得意想不到的艺术效果。

作品《乐叟》的创作过程，使我进一步体会到：艺术的创作，源于生活而又高于生活。

九　玉石雕刻中的奇葩（本文作者为王共亚）

乐叟局部照

白灵玉巧雕作品　早生贵子　王共亚

中国玉雕艺术源远流长，已有七千多年的辉煌历史。我们的先民利用天然玉石自然的美，加入原始的宗教文化，辅以神秘的色彩，满足了人们的审美需求，经过人格化的演绎最终发展形成了灿烂的玉文化。

世界上不仅中国人爱玉，古代欧洲人、美洲人也迷信玉，认为佩玉可辟邪，还可治愈疾病。但爱玉用玉的日本人、新西兰毛利族人、印第安人、阿拉伯人、西伯利亚人等都没像中国人这般构建了博大的玉文化，中国的玉器在政治、经济、宗教、礼仪、道德、艺术等活动中，是不可或缺的角色。

白灵玉巧雕作品　菩陀仙境　王共亚

中国人对玉赋予太多的内涵，《礼记·聘义》及《论语》中都有"君子比德于玉焉"，"玉，石之美者，有五德"句子等。中国人对玉石的感情是深入民族血液中的，传统中，玉不仅和君子美德相连，也与女性的形象相连，"金童玉女""金枝玉叶""如花似玉"等形容女性之美的词不胜枚举。文学领域描写赞美玉的诗歌、散文、小说比比皆是，最著名的当是曹雪芹的《石头记》（即《红楼梦》）了，男主人公衔"通灵宝玉"而生，那块宝玉得之则人寿宁安，失之则丧魂失魄。"假作真时真亦假"迷惑了多少天下苍生，贾宝玉其实是曹雪芹心中真真正正的无瑕宝玉。玉是他的一切，是他的生命所在，是他生命所系。在这里我想主要谈一下玉的俏雕。

俏雕必须有俏色、俏料，而对俏色的理解就是"石之美者"，而先民对"石之美者"的追求远在七千年前的余姚河姆渡时代。当时的人就有意地把拣到的美石制成璜、珠、坠等装饰品打扮自己，这是对俏雕最早的记载。

而公认的最早的俏雕玉器出现在距今三千年前的殷商。近年来，在河南安阳小屯村北出土了一件玉鳖，这件作品把原有的黑褐色保留下来了，鳖的背甲、头、腹、足均为青白色，双目是黑色的，爪子是白色的，而爪尖则巧妙地留有黑色，从而把玉鳖表现得更加真实，神韵天成，妙趣横生，在这以后俏雕产品开始步入人们的生活。同时，用料也开始多元化，和田玉、糖白玉、南阳玉、岩玉、蓝田玉、翡翠玛瑙、水晶、青田石、巴林石等均可采用俏雕技艺。

白灵玉巧雕作品　山不在高　王共亚

东汉许慎《说文解字》释石之美者即为玉，也就是说古人把质地美丽的石头统统划为玉类。而我们现代人对玉的理解有广义和狭义之分，广义的玉为"温润而有光泽的美石"，狭义的玉指法国著名矿物

白灵玉巧雕作品　戏　林继相

学家德穆尔所言的硬玉（翡翠）、软玉（和田玉），他认为其余的皆不能称为玉，统称为彩石。

可见，不论是古人还是现代人，在对自然美的追求中，颜色是起决定作用的。这就为俏雕打下了深厚的社会基础和人文基础。

几乎每一个好的玉雕师都是一个俏色利用高手，他们都是一些能从玉石中发现美、完成美的人。虽然他们中绝大多数都没有留下姓名，但他们留下美的作品，留下他们对艺术的理解，他们是能把腐朽化为神奇的人。

1970年10月，陕西西安何家村出土一件高6.5厘米，长15.6厘米的牛角杯，就是一件杰出的作品。这件作品系采用世间罕见的红色玛瑙琢制。玛瑙为不纯净的杂色料，两侧为深红色，中间是淡淡的浅红色，中间还有夹心呈略带红润的淡白色，犹如三明治，层次分明、鲜润可爱。当时那位玉匠因材施艺、艺尽其材，把料竖直的一端雕琢成杯的口，杯的口沿外有两条圆润弦纹，光滑流畅，粗细恰到好处，竖直的纹理给人以稳重之感；把纹理横向的一端雕成一个牛头，这也是精华所在，牛头两只大眼圆瞪着，目视前方，

白灵玉巧雕作品　叠　林继相

似乎在寻找和窥探着什么。作者连牛眼的眼球都刻画得黑白分明、神情毕肖，真是起了"画龙点睛"的作用。寥寥数刀就将牛头上下的肌肉表现得栩栩如生。牛首上的两只角粗壮有力，弯曲自然，凝结着力量和生命，显示出强烈的动态美。两只硕大的耳朵，高高竖起，微微内收，好像在倾听那悦耳的号声，迷人极了。

作品描述的是牛耕耘时全神贯注的瞬间，具有较强的艺术感染力，真是曲尽其妙，更妙的是牛嘴上还

镶金，这一镶金顿时使得这件作品的身价大幅提高了，因如不镶金则嘴部的色彩可能太深，那样感官就会大打折扣。这既掩盖住了缺点，又金光闪闪，更突出了牛首的造型美，牛首处隐约的纹理又显示出较强的肌理美。

白灵玉巧雕作品　草原之子　王共亚

小时候，我见故乡的农民耕地时，都要给牛套上笼头，就是为了防止牛耕地时吃周围的庄稼，同时也怕牛吃草分心，而影响耕地的进度。所以当我看到这件作品时，会心一笑，不由得被那位大师对生活的细微了解所折服。这件作品是我国俏雕的杰出代表。

最令人折服的俏雕，当是清乾隆年间制作的《桐荫仕女》玉山。这件作品高15.5厘米，宽25厘米，厚10.8厘米，本是琢碗时剩下的弃物，当时的一个苏州工匠看到这件废料时，联想到他家乡的园林庭院，于是弄拙为巧、化废为宝、因材施艺，根据玉材的形状和色泽进行构图：把琢玉碗取料时留下的圆洞琢成江南园林的圆璧罩；将碗料底部精雕成假山、家具，把主体部分雕成一位头梳高髻的少女。从整体上看是门外一女子手持灵芝，迈着轻柔的步姿向圆璧门走去，门外还立一长衣少女，双手捧盒，

黄灵玉巧雕作品　汉龙　王共亚

向门内走来，两仕女透过细细的门缝，相互呼应，似有无数亲密的话要说，脸上露出醉人的微笑。周围的江南庭园景象细致入微，皓白的玉沁琢成半开的门洞，两仕女透过细细的门缝张望，似有亮光从门缝中透过。橘黄的玉皮巧雕成梧桐、蕉叶等，真是惟妙惟肖。经过艺术家的巧妙艺术加工，一块废料成为价值连城的艺术瑰宝，这也成就了一个玉雕、俏雕的传奇故事。乾隆皇帝也为之倾倒，连称"巧夺天工"。作品一经问世，就一直陪伴着清宫内的皇帝，如今成为故宫博物院的珍藏品之一。

新中国成立以来，随着党和国家的重视，艺术工作者的社会地位不断提高。同时，由于历史的进步，琢玉工具和机器的更新，一大批有艺术修养的人加入，玉雕技术进入了历史的最高峰，好的俏雕作品也全面繁荣。

陈长海设计的《桔中二叟》就是一件俏雕代表之作，作者巧妙地把橘黄色的石皮雕成一个裂开的橘子，中间两位老者正在对弈，一老者似下得一步好棋而眉开眼笑，自得之意欲出，而另一个老者在紧张地思索，身体前倾，手抚胡须，不安、思考之情表露无遗。底部还雕有翠绿的叶子加以衬托，作者把不太好的皮色去掉，用上等的白肉雕成祥云。作品祥云缭绕，更有一种空灵洒脱的神仙之气，真是洞中有日月，不知人间已千年。

王树森大师设计制作的国宝《五鹅》是一件难得的俏雕艺术品。这块料因红色当中有不少黑点本被看作废料，但大师巧妙地把黑点雕成鹅眼，这样我们看到的白鹅是红顶、黑眼互相呼应、神态自然，中间的杂色被大师雕成鹅食，整件作品浑然天成，让人怀疑这到底是不是天然

白灵玉巧雕作品　持家之本　王共亚

俏雕。所以自作品问世以来，怀疑这是人工染色之音一直不绝于耳，也许现在的玉石雕刻的最高奖"天工奖"就起源于这里吧。

黄白灵巧雕作品　金钱缠身　刘秋后

上面诸例都是玉匠们依玉材的自然色泽纹理，巧妙设计运用，并施以合适的题材，从而使作品的造型和颜色达到完美的艺术效果的经典之作。一般来说，用于俏雕的玉石颜色不能单一，玉面要五彩缤纷、绚丽多姿，但一定要杂而不乱。一块好的俏色玉材一定要色泽典雅，纹理清晰，层次分明，对比强烈，质感、层次、光泽、色度都要是上乘的，既要有上下前后色泽的区别，又要有内外纹理的区别。好的玉雕技师得到一块适合雕刻的俏色玉料，会先审视它的色泽质感进行创作构思，然后仔细施工、精雕细琢以完成一件俏色作品。因此，构思是一项创造性的劳动。

还有一类作品是利用别人认为没有用的废料俏雕而成的。这类作品一般是原料的质地有杂质，如有各种斑点，但这些料如能巧妙构思往往能达到令人意想不到的效果。如王仲元大师用一块被认为是废料的玛瑙雕刻而成的《龙盘》《望子成龙》《庐山仙人峰》三件作品都被列为国宝。关于《龙盘》这件作品，当大家看到那个黑色的盘子中间几乎天然流动起来的水和上面神龙时，我想除了感叹大自然的神奇和大师的奇思妙想之外，任何的语言都显得有些苍白无力了吧！

从整体上看，目前的俏雕产品不论是质还是量都远超古人，不可否认，在玉雕近七千年的发展历史中，俏雕虽有惊鸿之作，但比起别的玉雕作品还是有很大差距的，一直没有成为玉雕市场的主流。但最近二十年来情况已经有很大的变化，人们对俏雕的喜爱大有超过别的玉雕类别之势。以前人们认为不好的材料，现在会因为色的存在也被人们珍而视之，精品层出不穷，价格也已飞升起来。目前一个优质的俏雕产品价格相当惊人，在每一届玉石雕大赛中都占有举足轻重的地位。如此说来，称俏雕作品是玉雕王冠上的明珠当不为过。

青田石、寿山石、巴林石，因为颜色丰富、易雕刻从而成为俏色利用的好材料，开始逐渐走进人们的生活。凡是看过青田石、寿山石、巴林石、白灵石作品的人都被他们的颜色及艺人独具匠心的设计所折服。它们本也应当作为主角，但因篇幅有限，本人在这就不一一介绍了。

十　江南好，风景旧曾谙（本文作者为林继相）

吴冠中老先生逝世的消息传来时，时值初夏，我正在工作室埋头创作一批以《当代文化名人之国画大师》为题的灵璧石雕人物肖像。这是一次为弘扬民族精神和传统文化的艺术实践，所选的九位国画大师均是近现代中国国画画坛上独具特色并且引领近代国画发展的领军人物，通过翻阅大量的资料和深入了解艺术家的艺术人生以及艺术作品形态，创作正在有条不紊地进行。突然知道这个消息，我心头一紧，不由得放缓了手中正在进行的创作工作。回想 2008 年在北京参观 798 艺术区时，赶上由贾方舟先生策划的画展——吴冠中走进 798，有幸与吴老有过一面之缘，而更为重要的是吴老的人品、画品都一直为我所仰慕。听闻这样的噩耗，悲痛惋惜之情溢于言表，脑海中闪过吴老一幅幅黑白相间、点线斑驳的水墨。曾经这样的黑白对话带给我巨大的视觉震撼和心灵撞击，如今，斯人已去，大师的音容笑貌和画作再次浮现眼前。看着工作室里摆列的白灵石，我不禁产生一个强烈的想法，中国自古有君子比德于玉的说法，我何不以石喻人，借石抒情，以寄托对一代国画大师的哀思。

决意已定，我就开始了创作的前期准备工作，大量的资料收集工作和选材工作同时进行。为了能借白灵璧石更好地展示大师的艺术风采，我试图在以往的人物肖像雕刻上做出新的突破。那么如何在一块灵璧石上同时展现出一代宗师的个人风采以及卓越的绘画艺术成就呢？究竟什么样的艺术形态才能和大师的绘画一样，将形式美提升到作品之上，用最简洁的语言传达出最丰富的思想呢？

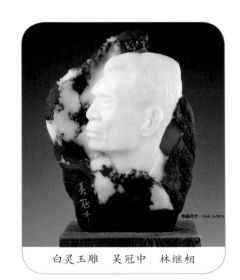

白灵玉雕　吴冠中　林继相

午后，沏上一壶清茶，在工作室的小院内整理思绪。前不久种上的油葫芦已经悄然爬上了墙面上的竹竿支架，思绪翻转，想起了老北京的大宅门，想起了798里被拥护者、崇拜者簇拥的精神矍铄的吴老先生，想起了展厅墙面上一张张江南水乡图，想起了多年来潜心研究传统灵璧石雕的艺术创作中的苦与乐。

2008年春节，我去看望在北京工作的女儿，女儿上午去学校教书，下午就陪着我逛798艺术街区、潘家园、琉璃厂。就是在这一年的798艺术区内，一场名为"吴冠中走进798"的艺术展让我第一次有幸目睹了吴冠中老先生的真迹，这是与以往在书中看到吴老的作品完全不同的感官体验。宽敞明亮的展厅内人头攒动，吴老的画作装裱后精致地悬挂在墙面上，展出的艺术作品中有吴老最具有代表性的江南风景水墨，近看无形，远看灵动；也有吴老对书画感悟的《汉字春秋》，

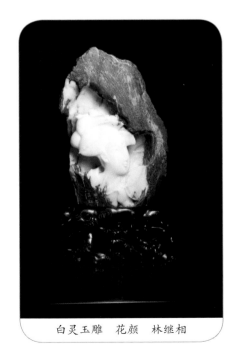

白灵玉雕　花颜　林继相

白灵玉雕 石涛 林继相

画面不大，文字如画，拙中带秀，趣味横生。吴老笔下流动的线条，充满了生命的灵动，遒劲的线条柔中带刚，笔笔意境相连，张张一气呵成，这让我真切地感受到他业精于勤的创作人生，以及他对艺术无限的追求和巨大的创造性。默默地看着他的画，里面有浓浓的东方情结，里面有深厚的赤子乡情，他的艺术人生如同黑白相间的灵璧石一般，将东西方文化融合得精妙绝伦。

吴老先生的画作中，对我影响最大的是他的江南水乡画。吴老的江南水乡画多是小幅，多选取村头一角或者临流老宅，穿插桃柳数枝，于是黑白块面之间，形体长短之间，或倾斜扭转，或直来直往，近似西方立体派早期的探索，又满溢着浓厚的东方审美情趣。江南水乡的角角落落、方方面面，都流露着浓浓的乡情，都体现着吴老对绘画形式美的追求。回味老先生这些江南风景画作，我所品味到的并不是赤裸直白的真实感，而是中国传统绘画六法中的"气韵生动"，如诗意般的含蓄，恰如其分地拿捏出画面的内在结构。这样具有融合性和先锋性的艺术创作，蕴藏着丰富的艺术理论，是对后人艺术创作的指引和启迪。就是受到吴老艺术创作的启发，我对自己说，这次的创作也将是一次建立在传统巧色雕刻基础上的艺术创新，在传统石雕艺术创作上，我要试图开拓出新的形式美感，试图用敏锐的

白灵玉雕 罗汉 林继相

观察力察觉到当代中国传统石雕在形式上的局限性，从而引起人们对传统石雕艺术的再认识。

然而心愿是美好的，艺术创作并不是心中所想即可成，灵感只有在创作中与材料真正地碰撞并擦出火花，才能在现实中呈现给世人。回到工作室，面对满屋堆砌摆放的灵璧石，我又踌躇起来，究竟该如何入手才能做到真正的突破呢？我只能再回头从吴老的画作中去寻找启示。

白灵玉雕　罗汉　林继相

再次翻阅吴老的代表作《双燕》的时候，我又一次被这张吴老钟爱的画作深深吸引。画面上的白墙黑瓦，都转化成了理性的几何美感，在抽象与具象之间、意境与意味之间，达成了和谐的统一。燕去无声，而乡情绵绵。这样简单因素的错综组合，构成了多样统一的形式美感，这才是江南民居雅致的关键。这幅作品实在是太美了，这样雅致的美，竟也可以美得荡气回肠。吴老在提及自己江南水乡作品的文章中有此一问："白墙不是白纸或白布，偌大面积空空如也的白，却要唱主角戏，戏在哪里？"正是这一问，让我醍醐灌顶，让那些犹豫和无从下手都逐渐清晰起来，让我面对这次企图以突破性的手法创作的人物石雕有了"雕与不雕"之间的结合，有了人与山石的雕塑形式美的高度结合。我要去证实一点，前人的技法并不妨碍中国传统艺术的延续，更不会阻拦传统艺术绽放新的生命力。在创作思路明确之后，我开始确定了石材，并很快锁定了一块石形挺拔的雪山白灵璧。

作为中华文明的象征和首屈一指的观赏石种，灵璧石一直都是石文化爱好者收藏的热点。但是雪山白灵璧石的艺术价值并没有在石雕领域受到应有的认可，雪山白灵璧石大都是被加工成为山峰的形态陈列，这样的陈列形式往往破坏了灵璧石中的白灵部分，使其丧失了雪山白灵温润如玉、洁白如雪、质地均匀的雕刻价值。虽然也偶有雪山白灵优秀的雕刻作品问世，但作品内容不外乎传统题材中的观音像等，并没有题材上的创新和变化。这次人物肖像创作，旨在用全新的灵璧石雕形态展现吴冠中先生一生的艺术成就，这是对传统灵璧石雕艺术形态的挑战，也是对我自己艺术修养的挑战。

怀着一颗虔诚的心，我仔细观察这块雪山白灵璧原石，前有润洁如雪的白灵覆盖，后有斑驳交错的"碎雪"纷飞。经过反复地端详，整个石雕的最终效果渐渐在我的脑海中呈现出来。于是，我胸有成竹并且紧锣密鼓地开始了雕刻工作。呕心沥血的创作是每一个艺术家走向成功的必经之路，虽然这一路艰辛，然而发现美，并在顽石之上将美提炼出来、塑造出来，却是一个足以抵消创作中的艰苦，并让人兴奋不已的过程。雕刻过程中，我巧借雪山白灵璧与其他石种伴生的天然之美，将原石中的黑白交错处理成为背景，不加雕琢的山石黑白色块随意地搭配，穿插其中的线条奔放自如，宛如吴老笔下纵横交错的水乡小景；刻意保留的山石轮廓，如波浪般起伏，柔中带刚，有收有放；黑白伴生的原石之间有天然生成的石花，斑斑点点地洒落岩石之上，犹如春风舞动的纷飞柳絮，无形中又似有形。我选择吴老侧面昂首的形象进行塑造，以突出强调人物性格，棱角分明的人物形象中，嘴唇紧闭，嘴角微微收紧，坚毅的目光眺望远方，透射出高尚的人生追求，雕刻作品的画外音由此产生。

经过近一个月的悉心创作，吴老的灵璧石雕肖像顺利完成，独自审视这件作品的时候，我不由得感到欣慰，这是一件无愧于吴老的作品，而更让我欣慰的是，这件作品无疑是我艺术创作中里程碑式的代表作。这是一件与传统灵璧石雕截然不同但又没有脱离传统的作品，摆脱了传统白灵璧石雕借白衬黑或者借黑托白的形式局限，这件作品真正意义上实现了对于人物气质精神、雕刻形式美感以及天然石材美感的高度统一。黑灰色部分的灵璧石，历经千万年的自然磨砺，纹路清晰，色泽黝黑；而白色的白灵璧石上，人物形象逼真、目光深邃；黑白之间没有有形的界限，却在无形之中达到了最大的融合。在回顾吴老的艺术人生时，这样的作品更能让观众感受到吴老的艺术生命力和他对国画民族性的新继承。

时值盛夏，万物峥嵘，谨以此文纪念吴冠中先生。

知识链接　《一杵降魔》

《一杵降魔》获2011年上海神工奖银奖。材质：灵璧石。作品简介：传说一个罗刹鬼在释迦年尼涅槃之后偷取了舍利，韦陀奋起直追，制伏了罗刹鬼，归还舍利，从而韦陀成了佛教的护法天神。韦陀菩萨手中持金刚降魔杵，用威猛的法力守护伽蓝，降

白灵玉雕　一杵降魔　林继相

服魔怨。作品《一杵降魔》生动形象地刻画出一个威风凛凛的韦陀形象，人物形象雄壮英武，目光炯炯，与之对视，仿佛有一种力量直入人心。降魔杵，无形胜有形，象征如来金刚智，用以破除愚痴妄想之内魔与外道诸魔障。

知识链接　《舞者》

《舞者》获2010年中国玉石器百花奖优秀奖。利用石色、石纹等自然特征，高度融合作品内在的意和外在的境。借色于石，借形于势，勾勒出骊山水畔，美人临池梳妆的美景。美人的眉眼低垂，粉唇微张，口衔丝线，似乎正在盛装准备，为君舞一曲天籁霓裳。

白灵玉雕　舞者　林继相

十一 单纯的深邃（本文作者为林继相）

亨利·摩尔曾经说："每一种材料都有她自身的特性，只有当雕塑家（艺术家）直接工作，与材料发生一种积极的关系时，材料才能加入到他观念的形成中。"

灵璧石雕 望归 林继相

以认真的态度对待每一块经手的石头，赋予它独立的性格，这是创作一件成功作品的起点，而贯穿其中亲力亲为的创作经历，正是实现艺术家与材料在交互中发生关系提供了可能。三十余年的创作历程，通过对每一件作品的亲自设计与制作，我深刻体会到这一点：从对灵璧石的喜爱，到在手中把玩、触摸、逐渐熟悉，到被感知并激发出创作的灵感；从对作品大胆的构思，到细致入微的雕刻制作；从打破材料常规存在形态的艺术尝试，到作品逐渐呈现出具有温度的情感特质和艺术美感。雪山白灵璧石雕才在我的手中真正演变为集合天然美与人文价值的综合艺术形态。

白灵玉雕 徐悲鸿 林继相

我的石雕作品载体——雪山白灵璧与著名的青田石、寿山石不同，雪山白灵璧的主体是白灵石，色彩以白为主，周围伴生黑灰等暗色石种，就是这样的一黑一白，看似简单的色彩对比，却如同素描的单色表现一样，摒弃了色彩对观众主观情绪的影响，使观众的注意力更加集中于作品的本质，客观上成就了雪山白灵璧石雕作品情感表达上的单纯深邃。中国是与玉石结缘最早的国家，并且是在上万年前就体会到这种诗意的玉石文化的国家，玉的温润光泽，石的嶙峋精美，在中国人眼中成了精神文化的具象代表。我深深地体会到这种文化传承带来的美的启迪，天然灵璧石纹的纹理效果，如同绘画中钢笔的勾勒、水墨的晕染一样，是自然的鬼斧神工营造出的艺术气氛，这些，都为我的创作带来了无限的艺术灵感。

灵璧石雕　雪娃　林继相

没有受过美术熏陶的人，对于这种物象肌理的独特性和重要性往往视而不见，或者在他们的眼中这些不是审美的对象，而艺术家所要做的就是通过技艺把审美趣味挖掘出来。每一件作品的创作，都因石纹的唯一性而使得创作过程充满了探索感和新奇感，而这种新奇的感觉又反过来刺激我创作思路的开拓，试图使每一件作品都能突破前一件作品的局限，避免艺术表现形式上的单调和重复带来的审美疲劳。我的代表作雪山白灵璧石雕《四大天王》就是这样经过探索实现创新的成功作品：通过夸张的面部表情来强调性格特征，黑生白的半包围结构使屹立四方的天王如同从山石中迸发出来，温润如雪的白灵质地更强化了这样一个传统佛教题材作品的神圣性。这次尝试无疑是成功的，在2012年的中国玉石雕神工奖上，这套《四大天王》荣获"创新金奖"的殊荣。

无论如何创新，布局构图都是黑白石雕创作中最重要的一点，这决定了一件作品在气势、美感、艺术上的成败。在中国古代绘画中被奉为评判标准的"六法"中有一法是经营位置，就是所谓的布局构图。此法不仅在绘画中值得借鉴，在石雕创作中也具有极高的指导意义。如何做到作品的比例协调、

白灵玉雕　张大千　林继相

白灵玉雕　哪吒　王共志

简练深刻、独具匠心呢？这就需要有工匠式的雕刻技能和个人的艺术修养来实现了。首先，对石头整体黑白的比例关系要把握恰当；其次，雕刻部分虚实的拿捏要有分寸，天然的石纹、石肌不要喧宾夺主，力求在视觉上达到最佳的均衡感。扎实的雕塑基本功、对石材秉性和结构的熟悉以及依靠直觉和经验做出的判断，让每一块经过我亲手雕琢的石头都尽可能呈现了最大的艺术性。

由于石雕材料创作的不可逆性，三十年来，我的每一次创作都需要精心、反复地斟酌设计，而这个千锤百炼的过程的最终目的是：以最大的经营达到"不见经营"的艺术效果。我倾心于这种归于淳朴的艺术表现形式，试图在黑白之间，通过创新表现传统文化所带来的最朴实的美感，实现雪山白灵璧石雕艺术中最单纯的深邃。

十二　心之所向、砥砺前行（本文作者为中国诗人田密）

初次见王共志老师时，我根本没法将他和早已小有名气的石雕艺术家对上号，因其没有一点儿艺术家的"范儿"，非常之朴素随和，是位有艺藏身而不显之人。

三个月前，我有幸被王老师邀请去其工作室看一看，在此之前要么他在外地参展，要么就是我临时有事，还好，好事多磨，最后终于成行，得以看其是在什么环境下，创作出了这么多优秀作品……

对于石雕艺术家来讲，待的时间最长的地方，便是操作间。一个滴着水柱落满粉尘的工作台，一盏台灯，一个打磨机，一架子大大小小、粗粗细细的钻头，一地勾好稿待设计的石头，一本本被翻过不知多少遍的厚厚的专业书籍……这其实就是王老师工作的地方，平时大部分时间他都与飘扬的粉尘、叮当的敲击声、刺耳的打磨声为伴。不畏严寒酷暑，日复一日、年复一年地重复着、孤守着这份艰辛与寂寞。这得须何等的坚守与执着，何等的追求与热爱，何等的毅力与信念！我肃然起敬。

王共志老师的父辈是玉雕艺人，在家庭环境影响下，他自幼就接触到玉雕，擅长以传统人物题材为主的玉石器设计制作。现主要从事白灵璧玉黑白巧雕制作，得到了玉石雕同行与前辈的肯定与鼓励，为玉石雕刻又增添了新的玉种。

白灵玉雕　远方　王共志

石头，是雕刻家的宝贝！王老师从各地精心挑选的石头，多以灵璧石为主，还有一些玉石。这一块块毫不起眼的石头，都静静地躺在屋内的每一个角落，等待着破茧成蝶的一刻，因为只有懂石头的人，才能为其赋予万千风景……看着每一块带着王老师温度的石头，你会看到其身上愚公移山般锲而不舍的精神……

"审石"对雕刻家来说是最关键的一步。因为是俏雕，王老师每动刀之前，必须根据石头的颜色、形态、大小，通过自己的巧思，做到物尽其用，以境施艺。有时为了一个好的想法，甚至需要几年或更长的时间，才能完成与一块石头的对话……是的，有了思想的石头是有生命的，她早已融入了作者的血液和灵性，通过一凿一斧的取舍、敲击，在碎成块、碎成粉后，在如切如磋、如琢如磨中，便得其魂、得其髓地呈现了出来！"用刀摄其神，一石皆留住！"把心中一瞬的美，幻化成了永恒，此时是作者最幸福的时刻。

白灵玉雕　童年　王共志

王老师的展示厅里，作品并不多，因其大部分早已被藏家收走，其中就包括我比较喜欢且国家博物馆也想收藏的那件《禅机》，但也有一些非卖品被保留了下来。王老师的作品多用灵璧石中的黑白灵雕刻而成，其雕刻出来的佛像、传统人物及现代题材等早已把色彩运用到了出神入化的境界。钟馗手中的扇子、宝剑，悬崖上的达摩、红梅，两个顿悟的和尚……大到形态，小到面部神情都定格在最美的一瞬！随形表意，随意赋形，妙韵天成，气韵生动，有一种说不出的意境之美……

《凌寒》也是我比较喜欢的一件作品，虽然雕工并不繁复，但往往最简单、最朴素、最凝练的东西最能打动人，最能与之思想契合，产生共鸣！有画面感，有诗的意境却雕刻得不留痕迹，这也是好作品能直指人心、给人一种精神享受的缘故吧！达摩在云壑崖壁间听松风、饮清露、静思、禅坐……一枝凌寒开放的红梅也仿佛领悟到"不经一番寒彻骨，哪得梅花扑鼻香"……天地之间此时仿佛静止了、幻化了……

在喧嚣的闹市中，若做自己想做的事情，有着自己的节奏，则哪儿都可以是心灵的后花园。我想，工作室就是王老师心灵的栖息地，艺术的后花园吧！

看了一圈后，我坐在茶水桌前和王老师闲聊着，我想平时工作之余，这也是王老师唯一能闲下来放松的时刻。"我十六岁就接父亲的班，从事玉石雕这个行业，当时并没有专门的师傅来教，全靠工作打杂之余，在这个师傅跟前看看，那个师傅跟前瞧瞧……"人之所以能，是相信自己能！我相信王老师正是靠及信念、天资、悟性、自己的努力去破解刀斧中藏着的一切，甘苦自知……

"九层之台，起于累土。"从十六岁时的一无所有，经过"博观而约取，厚积而薄发"，最终拥有自己的工作室，获得许多有分量的大奖，拥有大家喜欢的石雕作品，这不正是对王老师最好的回报吗？

知道自己的目标，更知道自己的价值。执着进取，磨其心志……

以诚求之，虽不中，不远矣……

观《凌寒》

傲雪寒梅向朔风，

临渊禅悟数枝红。

松林云壑升清月，

唯照梵心壁影中。

石头记

奇石通灵隐深山，

一朝有缘落凡间。

精雕细刻浮神韵，

取舍之间已成仙。

白灵玉雕　凌寒　王共志

白灵玉雕　洞天福地　王共亚

十三　寻白灵石记（本文选自灵璧政府网）

笔者长期生活在灵璧县，对灵璧石也可以说略有研究，但始终没有对白灵石感兴趣，因为本人也和其他的灵璧石爱好者一样，认为白灵石属于人工加工过的石头，没有灵璧石天然成趣、鬼斧神工的魅力。直到不久前，陪上海的朋友来看灵璧石，才知道白灵石在上海、苏州等地已声名鹊起，于是决定在元旦放假期间到白灵石的产地去一探究竟。

灵璧白灵石的产地位于安徽省灵璧县朝阳镇的独堆村，距灵璧县城约六十公里。元旦这天一大早，我和几个石友一起驱车来到了独堆村，一进村庄里，热情的卖石人便邀请我们到他们家去看看。真是不看不知道，一看吓一跳，这才发现白灵石竟有这么多的品种：黑底、黄底、五彩底，白白灵、雪花白灵、象牙白灵，真是琳琅满目。但仔细看去，大多让我们失望，原因是过度的加工和粗制滥造使她失去了应有的神韵和魅力。

普通白灵玉山料

我本想选一块大一点的料子带回去找人雕刻，但跑遍了全村也没有找到合适的料子，所能见到的料子要么小了，要么白度达不到一级白。老乡告诉我，我想要的那种料子现在真的很难再找到了，徐州、蚌埠也有很多人前来购买，都空手而归。问其原因才知道，由于白灵石处在山下十几米至几十米的夹层中，人工已经无法开采，只有等开山取石的石料厂用炸药炸山的时候他们才能去取白灵石，这样取出的石头只能是被炸碎的小块，即使有大一些的料子，其中的白灵也大都被震裂了，很难再找到大面积上好的白灵了。我们在村里转了一天，带着遗憾离开了独堆村。

虽然转了一天感觉很累，但晚上回到家之后还是久久不能入睡，听朋友说灵璧还有一个产白灵石的村子叫固子，于是决定第二天一起再到固子村去看看。

固子村虽属于灵璧，但在安徽灵璧县与江苏睢宁县的交界处，距灵璧县城约70多公里，且由于长期开采石料，道路被拉石子的重车轧得坑洼不平，

十分难行，我们用了近两个小时的时间才到达，到了以后才知道这里和独堆村差不多，已经很难再找到大的好的雕刻料啦，而且由于这里太偏僻，经营白灵石的仅有几家，我们没有看到满意的石头，于是决定再去独堆村。

中午到达独堆村后，我们匆匆吃了点饭就又开

白灵玉雕　弥勒　王共亚

始了一家一家"寻宝"的活动，又是半天下来，仍然没有能看到我想要买的石料，最后只好降低标准，买了两块小点的料子作为雕刻观音或佛像用了。当我们就要离开准备返回的时候，来了一个中年妇女问我们是不是买白灵石的，我说是，她说她家有一些，让我们到她家去看看。朋友说天晚了我们回去吧，我想既然来了就不要放过任何一家，也许是冥冥之中上帝的指示吧，我还是跟着这个中年妇女来到了她家。她家的白灵石还真不少，但能够看得上的却没有，正准备走时，突然发现她家的另一间屋里摆放着一块用玻璃罩罩起来

白灵玉雕　袈裟不灭　王共亚

的大块白灵石，一见到这块白灵石，我激动的心情难以言表，有如见到了分别多年的伴侣一样。但此时我按捺住喜悦的心情，因为我知道如果我表露出来，主人有可能"狮子大开口"，于是我按照正常买石头的技巧，指东问西，一个个地问价，让她不知道我到底看中的是哪块。当问到那块石头时，女主人说这块石头是她家石馆里的镇馆之宝，别人已经出过 X 元了她还没有同意卖，我要是想买至少要给 Y 元。我心里一惊，两年

白灵玉原石　火炬

前这样的白灵石最多也就 Z 元，如今真是"物价飞涨"啊。但我也明白，白灵石属于珍贵石种，资源稀缺，这两年价格扶摇直上，按说 X 元也不算太贵，但由于心里存在着价格落差，所以当时感觉价格还是高得不能接受，就放弃购买了。

晚上回到家后跟妻子说起那块白灵石，征求妻子的意见，妻子说："我没有看到石头不好说，你要是认为好就买吧。"得到了妻子的支持，我遂决定第二天再去独堆村把那块白灵石收入囊中。

第二天起了个大早，突然想起我有个石友，家就是独堆村的，于是拿起电话约他一起去，真是上天作美，他昨天晚上刚从外地参加石展回来，二话没说就和我一起往独堆村去了。俗话说无巧不成书，到了那个石馆才发现，石馆的男主人竟是我这个朋友的侄子。在朋友的大力斡旋下，主人终于同意以 P 元的价格把那块石头转让给我，还送了我一块不大的白灵石原石，并请我们吃了一顿虽不丰盛但却十分热情的午餐。

2012 年的元旦三天假，我就是在寻找灵璧白灵石的这种愉悦中度过的，收获颇丰，但也感慨万千：白灵石作为灵璧石的一个珍稀品种，我觉得当地政府和石农没有能够好好地保护、利用和开发。破坏性的开采、掠夺性的开发使白灵石资源遭到了极大的浪费和破坏。我们有必要重新认识白灵石在灵璧石中的地位。白灵石是灵璧石中的"公主"，她比和田玉、青海玉更为稀少和珍贵，我们有理由相信，随着时间的推移及人们认识和审美情趣的提高，白灵石将以它那温润如玉、洁白凝脂的美感成为广大石友和收藏爱好者追逐的新宠。

十四　探寻白灵玉（本文选自灵璧政府网）

白灵玉雕　如意观音　王共亚

有一种石头，几年前还是点缀厅堂的观赏石，近来摇身一变，晋升玉石，由最初的几元钱一块涨到了近万元一块，据业内人士讲，一些上好的极品价格更高，只是三五年的时间几乎占据了灵璧石市场的半壁江山，看行情以后还会不断上涨，这就是仅有二十几年发现历史的灵璧独堆村出产的玉石新品种——白灵玉（又名白灵石、白灵璧）。它创造价格神话的背后，是收藏家投资还是逐利投机？是盲目炒作还是价值发现？是价值指引价格，还是价格确认价值？三五年间，白灵玉从普通的观赏石变成艺术雕刻家手中精美的艺术品，到底原因何在？

白灵玉不为人知的成长故事，将会揭示惊人的价格涨幅背后的市场玄机。

安徽省灵璧县独堆村是白灵玉的唯一产地，也是白灵玉最集中、最活跃的交易市场，基本每户人家都有不多不少的几块原石毛料或精美藏品。最集中的地方在村中央，占地一千多平方米。最初，石商来收石头的时候，人们不知道她的价值，很多优质的白灵玉都是以很低的价格就卖了，老百姓还笑话说他们盖房子都不用的石头，城里人还当成宝，真是有钱没有地方花啦，

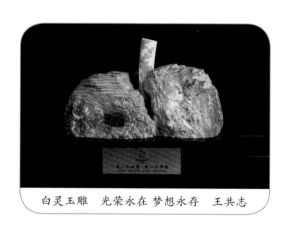

白灵玉雕　光荣永在 梦想永存　王共志

大老远送钱来，是不是太阳从西边出来了，哈哈……可他们怎么会知道这样的石头会这么值钱呢？

如果说灵璧白灵玉市场的形成有一个初始原点的话，经营是第一推动力。作为一种石头来说，特别是白灵石，人们就有这样一句话，"石（时）来运转"，这也是当地的一种民风民俗，他们会在做生意或经济不景气的时候，买块石头放在家里面显眼的地方摆一摆，以图个吉祥。家里既有了点缀，又有招引财路的寓意，何乐而不为呢？不过独堆村周围几座山上的白灵石日渐枯竭，有的村民都扩展到邻村的山上寻找资源，可均无获而归。灵璧白灵玉多集中于独堆村，全国各地很多石友、收藏爱好者和客商都不辞辛劳来到独堆村淘宝！

灵璧白灵石的底色繁多，具体有：黑底白灵、青花灵璧、红花白灵、黄花白灵、虎皮花白灵、灰底白灵、大刺白灵、莲花石白灵，五彩白灵、七彩白灵、鸡血筋白灵、横纹彩条白灵、千层岩白灵、雪花白灵等！

白灵玉具备自己的个性之美，其中青花白灵是白灵中的精品，质地好，

灵质白，细腻。青花白灵玉的形成过程是一个长达千万年的漫长过程，充分展现了自然雕琢的造化之美，现存最大的青花白灵玉山峰，堪称世界之最的白灵玉还藏在独堆村，可以说是灵性十足的镇村之宝！我曾有幸目睹了她的风采！

等待收购的石头

灵璧白灵石变成玉的第一个契机出现在 1998 年前后。原先白灵石交易很大一部分是在独堆村进行的，但在白灵石小有名气之后，许多石农直接将灵璧白灵石送到周边城市销售。一个商家发现了她的不凡之气，就找人试雕了一块灵璧白灵石，当精美的白灵石艺术雕展现在人们的眼前时，她温润、细腻、透明的外观给人以玉的享受！

白灵石商家感到有些白灵石不符合传统玉的外观审美标准，但是有些石头内部细腻、通透，具备玉石的质地和观感，这或许将成为未来白灵石收藏的主流方向。省外市场也出现异常动向，有的外地石商指明收购那些瓷白、光亮、通透及打磨过的白灵石，且价格可以说是当时的天价。这说明这些藏家独具慧眼，他们在独堆村住了一个多月，以一百多万元的价格收购了为数不多的质量上乘的白灵玉。

未经处理的白灵石

矿业勘察组来考查过，发现白灵玉的摩氏硬度为 5～6.5，含有 40 多种微量元素和稀有元素。白灵玉矿是一个半环绕独堆村的狭窄的小矿脉，按矿物质成分来讲，她并不稀奇。

在这个世界上含二氧化硅物质的东西是非常多的，白灵玉和玉髓、玛瑙、石英、水晶的化学成分都是一样的。但她是玉中的一个新种，她温润，有宝气，更为奇特的是白灵玉外观的条纹、色彩极为丰富多样，很有诗情画意。由于发现历史很短，考察成果发布的速度往往赶不上新品种发现的速度，商家的精明之处就是抢占价格制高点！至于她形成的科学道理，就交给地质研究人员慢慢做吧，对商家而言，有时候未知的朦胧往往蕴藏着财富的机会。

达到玉石级的白灵玉山料

白灵玉也分为山料、籽料。籽料又分为田籽料和水冲籽料。山料是矿脉产出的岩石块料，现在开采的矿脉有一米宽左右，矿脉上的白灵玉被称作山料。

籽料经历过更多的自然磨砺、雕琢，在地的浅表部分，经风吹日晒，外观一般为椭圆形，体积不大，内部大多通透、纯净，外表无规则地分布有红褐色的火疙瘩，硬度很高，火疙瘩与火疙瘩之间的白灵表面有土表皮，表皮平整，整体外观优美！水冲籽料外表光滑，外表没有火疙瘩，表面通透粉白，没有土质表皮，这是河水长期冲刷的结果。籽料形成过程漫长，形成条件苛刻，大都成窝地存在于地上或土表下，像一窝蛋一样，一窝有三至数十枚不等，大小形状各异，她们与矿脉不相连。

从2003年开始，许多周边客商进入白灵石市场寻找财运，业内人士讲"温润"，用乡下人的通俗语言来说就是一个字——好！她的底子好！她的光泽好！她的透明度好！近些年来，好多白灵石藏家都好像变成了白灵玉痴，如祥林嫂一样一遍又一遍地重复着白灵玉由乌鸡变成金凤凰的全过程。

2003年至今，白灵玉的市场行情持续上涨，价格翻番！

十五　安徽白灵玉展览馆

通灵和璞藏皖山，以之间纺不如砖；千呼万唤始露面，倾国倾城比红颜。

为弘扬安徽白灵玉文化、为使广大卞学爱好者能对白灵玉有一个更全面、更直观、更深刻的认识，本书编委会成员群策群力在安徽创建了一家白灵玉展览馆。该馆坐落在合肥市经开区附近，占地 205 平方米。展品有 6 大类、89 个小类，涵盖白灵玉所有品种。

在这里，你既能看到千奇百怪的白灵玉山料，又能看到千姿百态的白灵玉流水料；既能看到

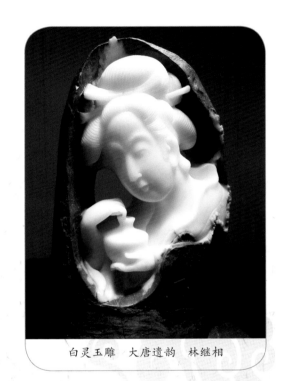

白灵玉雕　大唐遗韵　林继相

阅尽人间沧桑的白灵玉原石，又能看到洗尽人间凡尘的白灵玉籽料；既能看到雍容华贵的白灵玉田料，又能看到巧夺天工的白灵玉艺术雕以及令无数国人为之魂牵梦绕的"和氏之璧"。

在拙著面世之际，我们诚邀社会各界朋友惠顾参观。

展馆联系人：张先生；展馆联系电话：15056903486。

第十章

名家名品赏析

作者三下徐州与两位大师谈白灵玉创作

张继新（左一）　王共亚（左二）　林继相（右一）

一　白灵玉雕的开拓者王共亚大师

　　王共亚先生是白灵玉雕的开拓者，以下是其自我介绍。

王共亚先生

　　我叫王共亚，字补石，江苏省徐州市人，出生于1968年2月。自1986年高中毕业后，跟随父亲王耀生到徐州市贾汪玉雕厂工作，至今已有30年。现为中国青年玉石雕艺术家、中华玉雕大师、江苏省玉雕大师、国家高级技师、国家高级工艺美术师。今年又被聘为中国轻工珠宝首饰中心专家委员会委员、中华全国工商联珠宝商会常务理事、徐州玉文化研究会常务理事，并获得"中国玉石雕刻大师"称号。

　　我父亲是一位小有名气的玉雕艺人，我是一位"玉二代"。多年前，父亲和几个朋友一起创办了徐州贾汪玉雕厂，受父亲的影响，我很小的时候就喜欢听父亲讲些玉器典故和与玉器有关的知识，朦胧中知道玉是大地之精华，是石之美者；知道玉有五德及中国人对玉器无比推崇，知道古代皇帝以玉敬大地、以玉为尊；也知道古代的君子无故不去玉且比德于玉。和氏璧的传奇故事让我痴迷不已，也引发了我和弟弟无限的向往之情。我从父亲的口中也知道了玉雕有南工和北工之分，北工简练、大气、质朴，而南工则灵动细腻，注重细节塑造。

　　小时候，父亲在给我们讲这些故事的同时，也在空闲时有意识地将基本的绘画原理教给我们，于是我们就这样，在饭桌上的闲谈中就已学会人体的比例和三庭五眼之类的基本绘画原理。父亲的言传身教使我们终生获益，同时父亲对艺术不懈的追求精神常常在我们想懈怠时激励我们，父亲是我们前进的动力源泉。

　　高中毕业后，当时玉雕厂招工对工人的要求很严格。我因为基础好，被

王共亚大师的白灵玉作品 访友

工厂特招进厂，并开始随父学艺。直到那时我才深刻感受到成为一名玉雕工人，并不是像儿时幻想的那样美好。这一行很苦，淘汰率很高，整天一身泥一身水的，手指常常被工具打伤，冬天被冻得伸不出手，夏天被热得呼吸困难，但我却还是一心爱上了它。当一块普普通通的顽石在我手中变成一件艺术品时，我心中会产生一种莫名的自豪感，会忘记雕刻中的苦和累，我享受这个创作的过程。这可能也就是现在全民都在推崇、热议的"工匠精神"吧。

1990 年父亲不幸辞世，这让我的精神受到了巨大的打击。当时玉雕界又处于低潮，我的生活极度困难，在这种情况下我不得不出走深圳。没想到到了深圳后，在机缘巧合之下，我进入了连青云工作室工作。当时工作室大师云集，我真正见识了南方玉雕的飘逸、精细，了解了鬼斧神工的含义。这时的我如海绵一样迅速吸收新鲜的营养，博取南北派各大名家所长，这使我的技艺得到了极大的提升。在深圳工作的那五年中，我广受内地与香港和田玉雕刻、翡翠雕刻各流派的熏陶，我的作品取材广泛，尤以人物见长，善雕刻观音佛像等传统佛教题材，佛教作品深得佛教界人士的推崇与赞赏。在那几年的时间中，我创作设计与雕刻技艺都有了突飞猛进的提升。

1997 年因家中有事，我不得不回到了徐州，开创了个人工作室。当时的工作室主要以来料加工为主，从事各种玉石与水晶的雕刻。

　　一个偶然的机会我接触到了白灵玉，立即就被它无瑕的质地、洁白的颜色吸引，我当时便用"白如雪、润如玉、凝如脂"来形容它的美，更难得的是它和石头相伴而生、相依相偎、浑然一体。"天人合一"是对它最好的诠释，我敏锐地感觉到这是一种还未被开发的品种，这让我激动万分。开创一个前人从未走过的路是伟大的，白灵玉便是一块待发掘的处女地。我抱着极高的热情做了第一件白灵玉作品《山鬼》，很快它就被上海的一个老板相中，他立即收藏了这件作品，并当即决定和我一起到农村去大量收购这种原石，支持我的创作事业。

　　自此以后，我专心做起了白灵玉雕，当时只是琢雕，并无参加大奖赛的念头，直到2006年一个朋友劝我把我的白灵玉作品《踏雪寻梅》送去参加天工奖。很遗憾，作品在运输的过程中稍有损坏，但最后还是获得了"最佳创意奖"的好成绩，这引来了几位客商的关注，几位评委老师也邀请我去参加其他一些奖项，以使更多的人欣赏到这一新种玉雕。在随后的各种大赛中，我的白灵玉作品凭借强烈的黑白对比与细腻的质地获得了各种荣誉，评委专家们认为我的作品整体上有北方的雄浑大气，又有南方的精细和灵动，给予了我充分的肯定与支持。在创作实践中，我注重从传统题材中汲取营养，同时添加新时代的气息。作品多借助材料的天然纹理巧做而成，具有浑然的"天人合一"之美感。每一件作品都要多次推敲，力争在保持原自然材料颜色和魅力的基础上巧加雕琢，使作品师法自然而不拘泥于自然。每一件作品都尽力做到料尽其材、工尽其美，追求独特的艺术魅力。

　　在获得诸多奖项的同时，我也和几位大师尽力推动行业的发展，去培养后续人才，如今的白灵玉雕在徐州、蚌埠等地已经有了产供销一条链，取得了良好的经济和社会效益。

　　当然社会也给了我丰厚的回报。2012年我获得了"中国玉石雕刻青年艺术家"的称号，同年10月获得首届"江苏省玉雕大师"的称号；2015年被评为"中华玉雕大师"；2016年入选中国轻工珠宝首饰中心专家委员会委员，并获得"中国玉石雕刻大师"称号，这是中国玉石雕行业的最高荣誉。

二　王共亚大师白灵玉作品精品鉴赏

文殊菩萨

普贤菩萨

地藏菩萨

观音菩萨

自在观音

南国晨曲

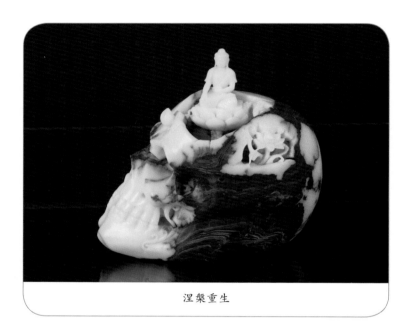

涅槃重生

梵天净土

招财

祖孙乐

达摩

魅力东方

深山访友

五鬼闹判

地藏菩萨

踏雪寻梅

初闻佛法

代代安乐

禅定如山

寻佛

三　白灵大家林继相

林继相，1957 年出生于江苏省徐州市。青年时期师从中央美术学院刘焕章老师，后成立林继相雕刻工作室，从事灵璧石雕创作 30 余年，坚持不懈。他的灵璧石雕，利用灵璧石的石色、石纹等自然特征，结合作品主题，在不破坏灵璧石自身观赏价值的同时，借形借势，将作品的意境与灵璧石丰富的质、形、色、纹、势等视觉感受巧妙地融为一体。作品结合传统的巧色雕刻技法与当代的审美情趣，突破了传统玉石雕的形制。

林继相先生

雪山白灵璧石雕《仕女》一组，作品通过以黑衬白的雕刻手法，以品茗、吟诗、作画的生活场景为主线，雕刻出四位形象清秀、面容娇好的年轻仕女形象。她们有的执笔凝思，有的品茗闻香，有的欲语还休，有的梨涡浅笑，悠然自得中透露着含蓄之美。灵璧石黑白相间处，白中有黑，黑中有白，犹如婆娑树影落于美人发髻之上。作品形式感与石质美感结合自如，体现出唐代贵族雅致的生活情趣。

2012 年，林继相荣获由中国轻工联合会、中国工艺美术学会、中国轻工珠宝首饰中心颁发的"中国石雕艺术大师"称号。

2012 年，受中国集邮总公司和中国邮票在线的联合邀请，林继相参与到了"和谐中华——中华文化名家艺术风采"专题系列邮票电话卡的专辑制作，并在这套精品邮册中呈现了近年来其在国家级玉石雕大展中的获奖作品。

2016 年荣获"江苏省工艺美术大师"荣誉称号。

（一）独具慧眼爱上灵璧石

许多人把灵璧石看作是自然观赏石，主要欣赏的是其自然的情趣。一直把雕塑作品看成是自己"孩子"的林继相却独具慧眼，另辟蹊径，利用白灵璧石天然黑白的色彩，巧妙地进行艺术构思，创作出了古代仕女的人物形象。作品意境深邃，生动传神，恰到好处地表现出了中国传统画那种形神兼备的艺术气质。

细看林继相的灵璧石雕作品会发现，他在不破坏灵璧石自身观赏价值的同时，借形借势，让优雅的女性造型与灵璧石丰富的质、形、色、纹、势等综合视觉感受融为一体，千娇百媚中的眉眼低垂，发丝飞扬间的碎雪飘飞使玉雕看起来栩栩如生。

林继相的作品《唐韵》《舞者》获奖后，徐州市资深玉石器鉴赏家李维翰这样评价：《唐韵》表现的是雍容华贵的大唐风采，盛装的仕女体现出唐代特有的审美文化特点，使人们想起了《霓裳羽衣舞》《步辇图》《簪花仕女图》画卷中体态丰腴、形象娇媚的唐代女性形象。白居易《长恨歌》中的"天生丽质难自弃""云鬓花颜金步摇"都借着奇石雕刻的神奇魅力得以再现；《舞者》借色于石、借形于势，勾勒出骊山水畔美人临池梳妆的美景。美人的眉眼低垂，粉唇微张，口衔丝线，似乎正在准备为君王舞一曲天籁霓裳。

（二）创作化腐朽为神奇的作品

好的雕刻作品，传递的是情，表现的是魂。林继相雕刻的仕女，以简练的形象使人体会到作品中栖居的诗韵之美，令人难忘。林继相说，他搞石雕创作多年，有毅力并善于钻研，可以说是把工作之外的绝大多数精力都投在了创作上，这也是他能够在"百花奖"上一举夺金的重要原因。

在林继相看来，艺术创作不仅磨砺意志、陶冶品行、丰富自己的知识，更重要的是，让他体会到了一种微妙的化腐朽为神奇的创作感受。那些黑白相间的灵璧石就像一卷书，让他爱不释手、百读不厌。他试图把这卷"书"中的千姿百态、千情万绪用自己的双手发掘出来，与石共鸣，让石头变成有声有色、有血有肉的生命，变得丰韵灵动、生动传情。

虽然做了数十年的石雕，但是林继相从没有算过自己到底有多少作品，"好像是一百吧，又好像是一百多，我自己也记不清了"。对于这些作品，林继相把它们看作是自己的孩子一样，做好了就放在工作室里珍藏起来，从不出售。"搞艺术创作的，一般都很少卖掉自己的作品，因为舍不得。"

林继相的代表作品《浮世绘仕女》被江苏省徐州市的友好城市日本半田市政府收藏，成为中日友好的象征；他的系列作品《浮世绘仕女》被刊入《世界华人精英》杂志。2008 年，林继相先生开始规划创办灵璧石雕刻艺术馆，受到了各方艺术家的鼎力支持，并有幸邀请到清华大学美术学院著名绘画大师杜大恺先生为其题写馆名。

2010 年，林继相先生的雕刻作品《唐韵》获得中国玉石器百花奖金奖。

林继相先生的艺术作品中既融合了传统雕刻的技法，又创新了石雕的艺术表现形式，其思想性和艺术性超越了传统石雕的形式限制，具备了中国传统文人画中形神兼备的艺术气质，他的灵璧石艺术创作将成为当代灵璧石雕艺术发展的里程碑。

四　林继相大师白灵玉作品精品欣赏

母子情

浮世绘仕女

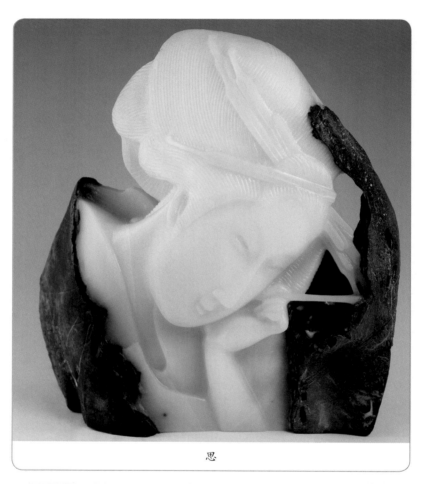

思

四大金刚

韵

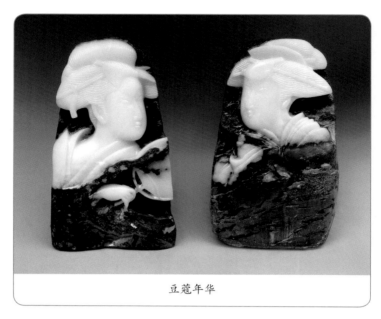

豆蔻年华

李苦禅

蝶恋花

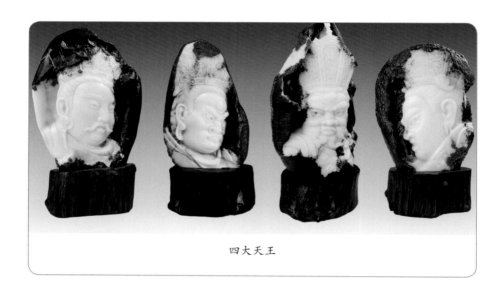

四大天王

中国石雕艺术大师林继相石雕艺术

¥10

中国铁通
CHINA TIETONG

作品【家园】荣获2011年中国玉石器百花奖优秀奖

家园

释儒道

大唐遗韵

四大美女

大唐遗风

齐白石

十八罗汉群图

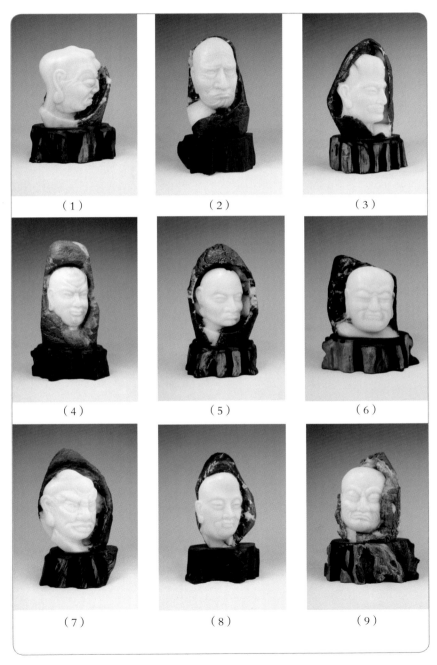

（1）　　　　　　（2）　　　　　　（3）

（4）　　　　　　（5）　　　　　　（6）

（7）　　　　　　（8）　　　　　　（9）

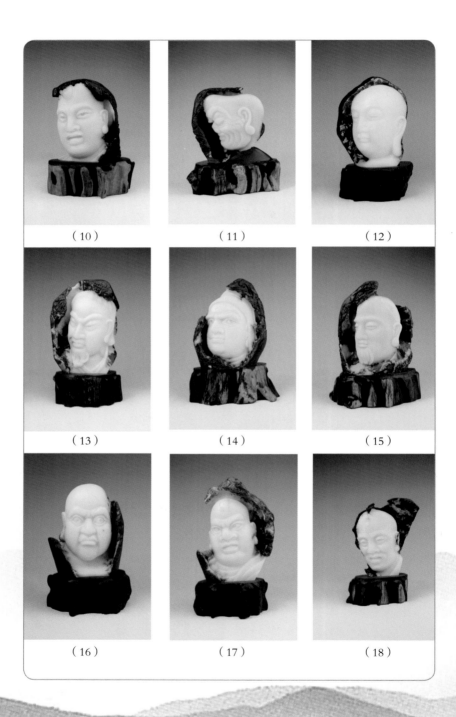

（10）　　　　　　　（11）　　　　　　　（12）

（13）　　　　　　　（14）　　　　　　　（15）

（16）　　　　　　　（17）　　　　　　　（18）

作品尺寸（单位：厘米）

肖像尺寸	底座尺寸
(1) 18×12×5.5	12×10×5
(2) 17×12×5.5	10.5×10×5
(3) 17.5×12×5	11.5×9×5.5
(4) 19.5×10×5	13.5×8×5.5
(5) 15×11.5×4	12.5×8.5×6
(6) 17×9×7.5	11×9.5×5
(7) 17×11×6	12×8×5.5
(8) 16×12×6	13×6.5×5
(9) 16×12×4.5	12×6×5
(10) 15×12×6	14×6.5×5
(11) 15.5×11.5×5.5	41.5×7×6.5
(12) 15×13×6	14.5×7×5.5
(13) 17×12×6	11.5×7.5×5.5
(14) 18×11×6	11.5×8×5.5
(15) 15×10.5×5.5	13×7.5×5.5
(16) 13.5×11.5×5	13.5×7.5×5.5
(17) 19×12×6.5	12×8.5×5
(18) 17.5×12×4	11×7×5

设计说明：罗汉指能断除一切烦恼，达到涅槃境界，修行圆满又具有引导众生向善的德的圣者。所以罗汉在中国民间被赋予了美好的寓意，意味着辟邪转运，保家宅平安。这套十八罗汉，随形设计，作品风格厚朴凝重，形简意赅，十八罗汉神采各异，性格特点突出，具有较高的欣赏价值。

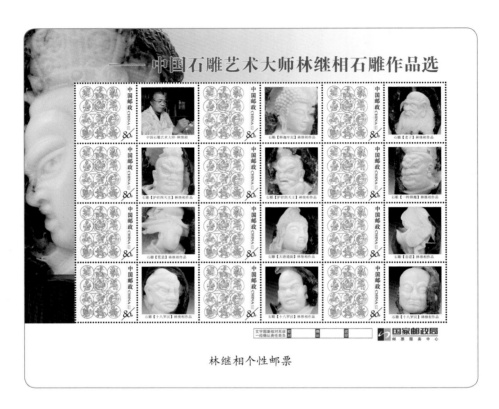

林继相个性邮票

2012年，受中国集邮总公司和中国邮票在线的联合邀请，林继相参与到了"和谐中华——中华文化名家艺术风采"专题系列邮票电话卡的专辑制作，并在这套精品邮册中呈现了其近年来在国家级玉石雕大展中的获奖作品。

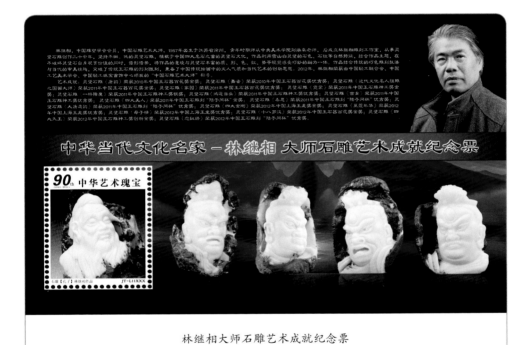

林继相大师石雕艺术成就纪念票

参考文献

[1] 葛宝荣，刘涛，张家志．中国国家宝藏黄龙玉．北京：地质出版社，2009．

[2] 官德镔．中国黄龙玉．深圳：海天出版社，2011．

[3] 姚士奇．中国玉文化．南京：凤凰出版社，2004．

[4] 吕思勉．先秦史．南京：江苏人民出版社，2014．

[5] 吕思勉．中国通史．南京：江苏人民出版社，2014．

[6]〔东汉〕许慎．说文解字．昆明：云南人民出版社，2011．

[7] 巩杰，张丽华．中国灵璧石文化史记．香港：中国香港天马有限公司出版社，
　　2010．

[8] 张训彩．中国灵璧奇石．郑州：中州古籍出版社，2006．

[9] 李惠新．远古玉魂．天津：百花文艺出版社，2007．

[10] 虞缘．中国玉器收藏鉴赏 500 问．北京：中国轻工业出版社，2009．

[11] 王晓华．玉饰．长春：吉林出版集团有限责任公司，2008．

[12] 宋建中．和田玉把玩与鉴赏．北京：北京美术摄影出版社，2009．

[13] 何悦，张晨光．和田玉把玩艺术．北京：现代出版社，2012．

[14] 朱之慧，刘天衣．翡翠投资收藏手册．上海：上海科学技术出版社，2010．

[15] 淡霞．世界未解之谜大全集．北京：华文出版社，2009．

[16] 享映熙．世界历史未解之谜中国历史未解之谜．北京：中国华侨出版社，
　　2014．

[17] 巩杰．中国灵璧石命名．香港：中国香港天马有限公司出版社，2012．

[18]〔战国〕韩非．韩非子．昆明：云南人民出版社有限责任公司，2011．

[19] 王春云．破解国魂和氏璧之谜（历史篇）．武汉：中国地质大学出版社，
　　2010．

[20] 王春云．破解国魂和氏璧之谜（宝玉篇）．武汉：中国地质大学出版社，
　　2010．

[21] 卢保奇，冯建森．玉石学基础（第二版）．上海：上海大学出版社，2012．

附录一 "世界未解之谜"丛书

[1] 王国忠，郑延慧主编，郭克毅分主编．新编十万个为什么（地质卷）/ 少年科学文库．南宁：广西科学技术出版社，1991.

[2] 叶伟夫著．中国印石．沈阳：辽宁人民出版社，1993.547

[3] 周晓亮，张友云编．世界未解之谜．沈阳：沈阳出版社，1993.

[4] 韩振峰主编，马德生等编写．世界未解之谜．成都：四川辞书出版社，1993.

[5] 田树谷编著．珠宝五百问．北京：地质出版社，1995.

[6] 张明华撰．艺林撷珍丛书——玉器（吴士余主编）．上海：上海人民美术出版社，1998.

[7] 王云编著．未知世界新探（上）．北京：兵器工业出版社，2000.

[8] 张健．国宝劫难备忘录．北京：文物出版社，2000.

[9] 王绍玺．传国玉玺．上海：世纪出版集团上海书店出版社，2000.

[10] 梅庆吉编著．自然之谜．哈尔滨：黑龙江少年儿童出版社，2002.

[11] 张壮年，张颖震编著．中国历史秘闻轶事（上、下卷）．济南：山东画报出版社，2002.

[12] 王海丰主编．世界未解之谜．西宁：青海人民出版社，2002.

[13] 龙海云主编，张文元编著．世界未解之谜．北京：京华出版社，2002.

[14] 世界未解之谜编辑委员会编．世界未解之谜．北京：京华出版社，2002.

[15] 宗豪主编．中国历史地理未解之谜（全二册）．南宁：广西民族出版社，2003.

[16] 谢宇主编．探寻未知世界知识丛书（全十册）．北京：中国档案出版社，2003.

[17] 范荧编著．中国历史之谜（续编）．上海：上海辞书出版社，2003.

[18] 纪荣起，张平主编．未知世界神秘之旅系列（全十册）．呼和浩特：内蒙古人民出版社，2003.

[19] 胡明刚编著．皇家珍宝．北京：世界知识出版社，2004.

[20] 冯精志著．文侠系列小说——传国玺谜踪．北京：文化艺术出版社，2004.

[21] 欧阳家悦编著．人类宝藏未解之谜（上册）．南昌：百花洲文艺出版社，2004.

[22] 严剑敏主编．未解知识之谜．延吉：延边大学出版社，2004.

[23] 杨飞，种晓明编．中国文化未解之谜（彩色未解之谜系列）．北京：中国书籍出版社，2004.

[24] 张超．神奇的奇闻趣事／人类未解之谜新探索．北京：朝华出版社，2004.

[25] 世界未解之谜编辑委员会编．世界未解之谜（彩图版）．北京：北京出版社，2004.

[26] 世界未解之谜编委员会编．世界未解之谜（图文版）．北京：光明日报出版社和中国
文史出版社联合出版，2004.

[27] 禹田主编．中国孩子最想知道的 1001 个未解之谜／大眼睛系列．北京：同心出版社，2004.

[28] 张利军主编．世界未解之谜（青少版）．长春：北方妇女儿童出版社，2004.

[29] 邢涛．纪江红主编．中国未解之谜（彩图版，全三册）．北京：北京出版社，2004.

[30] 玲子著．国宝传奇．广州：花城出版社，2004.

[31] 杜奎生著．中华宝玺探源．天津：百花文艺出版社，2004.

[32] 田树谷编著．珠宝千问——珠宝翠钻物语．北京：中国大地出版社，2004.

[33] 李弘编著．中国历史未解之谜全记录（图文版）．北京：京华出版社，2005.

[34] 王霖主编．地球悬案之谜（世界未解之谜全记录）／探索者丛书．呼和浩特：
内蒙古科学技术出版社，2005.

[35] 刘兴诗编．世界未解之谜探索．成都：四川辞书出版社，2005.

[36] 黄建华主编．世界未解之谜（全三册）．延吉：延边人民出版社，2005.

[37] 徐秀梅编．地理百迷——未知世界丛书．哈尔滨：北方文艺出版社，2005.

[38] 王延洽编．中华国宝之谜／话说中国千古之谜系列．合肥：黄山书社，2005.

[39] 王恰．羊皮纸上的宝藏：世界考古未解之谜－发现之旅 02．台北：驿站文化出版社，2005.

[40] 吴强华，黄清等主编．话说中国千古之谜系列．合肥：黄山书社，2005.

[41] 纪江红主编．中国未解之谜．北京：北京出版社，2005.

[42] 周重林主编．玉出云南（云游文化丛书）．昆明：云南大学出版社，2005.

[43] 吴晓静主编．探索丛书——中华上下五千年．北京：中国戏剧出版社，2005.

[44] 张炳伟主编．探索丛书——人类文明之谜．北京：中国戏剧出版社，2005.

[45] 李津编著．中国全史未解之谜全集．北京：中央编译出版社，2005.

[46] 纪江红主编．中国未解之谜．北京：北京出版社，2006.

[47] 李津主编．世界五千年未解之谜全集 3．西安：长安出版社，2006.

[48] 纪江红主编．中国未解之谜　少儿注音彩图版（上、下卷）．北京：北京少年儿童出版社，
2006.

[49] 蓝海主编．宝藏未解之谜／世界未解之谜精编．呼和浩特：内蒙古大学出版社，2006.

[50] 清渠主编．上下五千年难解之谜．北京：北京工业大学出版社，2006.

[51] 肖楠主编．探索与发现丛书——人类文明之谜（精品彩图版）．北京：中国戏剧出版社，2006.

[52] 郭漫主编．探索中国未解之谜／中国青少年成长必读．北京：航空工业出版社，2006.

[53] 王廷洽主编．中华历代国宝之谜（上、下）／华夏文化典藏书系．西安：陕西旅游出版社，2006.

[54] 崔钟雷主编．自然未解之谜——世界神秘探索之旅（最新彩图版）．长春：吉林摄影出版社，2006.

[55] 钱源编著．世界未解之谜全集．兰州：甘肃文化出版社，2006.

[56] 李津主编．世界五千年未解之谜全集（Ⅲ，珍藏本）／未解之谜典藏文库．西安：长安出版社，2006.

[57] 江斌主编．神秘的谜团／探索宇宙奥秘系列丛书．呼和浩特：内蒙古大学出版社，2006.

[58] 张小英主编．宝藏未解之谜（迷你袖珍版）／世界未解之谜全纪录．呼和浩特：内蒙古大学出版社，2006.

[59] 蓝海主编．地理未解之谜／世界未解之谜精编．呼和浩特：内蒙古大学出版社，2006.

[60] 蓝海主编．宝藏未解之谜／世界未解之谜精编．呼和浩特：内蒙古大学出版社，2006.

[61] 蓝海主编．世界未解之谜精编——宇宙未解之谜．呼和浩特：内蒙古大学出版社，2006.

[62] 纪江红主编．等待你去破解的世界未解之谜——世界尚未解开的1001个科学之谜（少儿注音彩图版）．北京：北京少年儿童出版社，2006.

[63] 宋建平主编．奇趣大自然．北京：中国戏剧出版社，2006.

[64] 清渠主编．上下五千年难解之谜．北京：北京工业大学出版社，2006.

[65] 陈丽辉主编．世界未解之谜．兰州：甘肃文化出版社，2006.

[66] 纪江红主编．世界未解之谜．北京：北京少年儿童出版社，2006.

[67] 纪江红主编．中国未解之谜／中国儿童成长必读系列．北京：北京少年儿童出版社，2006.

[68] 张小英主编．宝藏未解之谜（迷你袖珍版）．呼和浩特：内蒙古大学出版社，2006.

[69] 李津主编．世界五千年未解之谜全集Ⅱ．北京：中央编译出版社，2006.

[70] 邢涛总策划，纪江红主编．中国尚未解开的1001个科学之谜（少儿注音彩色版）．北京：北京少年儿童出版社，2006.

[71] 禹田编绘．世界未解之谜全知道——中国孩子成长必读书．北京：同心出版社，2006．

[72] 徐作生著．中外重大历史之谜图考（第二集）．北京：中国社会科学出版社，2006．

[73] 郭漫主编．探索中国未解之谜（最新彩色图文版）．北京：航空工业出版社，2006．

[74] 吴晓静主编．求知丛书——人类文明之谜（最新修订彩色版）．北京：中国戏剧出版社，2006．

[75] 纪江红编．中国未解之谜（附光盘共 2 册，少儿注音彩图版）．北京：北京少年儿童出版社，2006．

[76] 马书田编著．绝壁上的悬棺．昆明：云南少年儿童出版社，2007．

[77] 胡友主编．世纪 100 大谜案．呼和浩特：内蒙古大学出版社，2007．

[78] 清渠主编．上下五千年难解之谜．北京：北京工业大学出版社，2007．

[79] 蓝海主编．巧合未解之谜／世界未解之谜精编．呼和浩特：内蒙古大学出版社，2007．

[80] 崔钟雷主编．历史未解之谜（彩版文字学生读物探索发现卷）／新课标课外读物．长春：吉林摄影出版社，2007．

[81] 郭漫主编．中国青少年成长必读：探索中国未解之谜（最新彩色图文版）北京：航空工业出版社，2007．

[82] 王霖主编．地球悬案之谜（世界未解之谜全记录）／探索者丛书．呼和浩特：内蒙古科技出版社，2007．

[83] 李杰主编．世界未解之谜／全方位速读系列．哈尔滨：黑龙江科学技术出版社，2007．

[84] 刘道远主编．恐怖的魔鬼沟／惊险谜怪之旅．昆明：晨光出版社，2007．

[85] 林日葵主编．国宝传奇．杭州：西泠印社出版社，2007．

[86] 金波主编．惊险谜怪之旅——绝壁上的悬棺．昆明：晨光出版社，2007．

[87] 胡友主编．世纪 100 大谜案．呼和浩特：内蒙古大学出版社，2007．

[88] 蒋丰编著．人类未解之谜（中国卷）．北京：北京出版社，2007．

[89] 墨人．中国孩子成才宝典——人类文明之谜（最新精品彩图版）北京：中国戏剧出版社，2007．

[90] 雨霖老师．让你难忘一生的 111 个童年故事——永不泯灭的记忆．北京：中国戏剧出版社，2007．

[91] 灵犀工作室.探索与发现丛书——自然奥秘.青岛：青岛出版社，2007.

[92] 吴苏林主编.人类未解之谜全记录／中国学生必读书系.北京：中央民族大学出版社，2008.

[93] 何忆，孙建华编著.历史密码——揭秘历代悬案疑案.北京：中国工人出版社，2008.

[94] 崔钟雷主编.学生必读丛书——世界文化与自然遗产.长春：吉林人民出版社，2008.

[95] 蒋丰主编.人类未解之谜（中国卷）.北京：北京出版社，2008.

[96] 印农编著.古印传奇——中国历代帝王玺印之谜.北京：中国时代经济出版社，2008.

[97] 李阳主编.飞碟外星人之谜（彩图版）／世界未解之谜.呼和浩特：内蒙古人民出版社，2008.

[98] 玛雅编.四大文明之谜.呼和浩特：内蒙古人民出版社，2008.

[99] 中国历史悬案编委会.探索发现系列图说天下——中国历史悬案.长春：吉林出版集团有限责任公司，2008.

[100] 文柯编著.世界神秘文化全知道.北京：21世纪出版社，2008.

[101] 李阳编.四大文明古国之谜（彩图版）／世界未解之谜.呼和浩特：内蒙古人民出版社，2008.

[102] 郑建斌编著.传世国宝.北京：现代出版社，2008.

[103] 廉永清主编.中国历史未解之谜.北京：中国画报出版社，2009.

[104] 淡霞主编.世界五千年未解之谜（下卷）.北京：华文出版社，2008.

[105] 种晓明编著.图说中国文化未解之谜.北京：华文出版社，2009.

[106] 吴晓静编.人类未解之谜（彩版图文天下）.北京：中国戏剧出版社，2009.

附录二　和氏璧历史大事记

历史时期	历史事件
一、春秋时期（前 770—前 476）	
楚厉王时期	楚厉王即蚡冒，于公元前 757 年至公元前 741 年在位，卞和在荆山首次发现和氏璧，第一次献给楚厉王，但和氏璧被楚厉王玉人鉴定为石
楚武王时期	楚武王于公元前 740 年至公元前 690 年在位，卞和第二次将和氏璧献给楚武王，但和氏璧被鉴定为石
楚文王时期	楚文王于公元前 689 年至公元前 675 年在位，卞和所献和氏璧被鉴定为宝，并被赐名"和氏璧"，卞和被封为陵阳侯
楚昭王时期	大约公元前 500 年左右，即约公元前 503—前 497 年，楚昭王在吴王亡郢的战乱之后需要励精图治以图恢复国政，于是派遣王孙围出使晋国，以稳住三晋这个北方强敌。晋定公和晋国国相赵简子一语双关地问起楚国国宝，王孙围机智对答，化解一场外交危机
二、战国时期（前 475—前 221）	
楚宣王时期	秦孝公欲讨伐楚国，于是，派遣使节使楚问宝，楚国国相昭奚恤机智作答，化解一场外交危机
楚威王时期	公元前 333 年，楚威王灭越吞吴，一雪吴王亡郢的奇耻大辱，将和氏璧赏赐功臣昭阳，而昭阳不慎丢失，结果时为昭阳府门客的张仪被污，愤而走秦，发誓报复楚国

赵惠文王时期	公元前283年，赵国宦官缪贤买赃，和氏之璧入赵；是年，秦昭襄王提议以十五城交换赵璧，蔺相如临危受命出使秦国，结果"完璧归赵"；公元前279年，秦昭王约赵王在西河外的渑池会面，表面上是互修友好，实际上是继续抢夺赵国和氏璧
赵孝成王时期	公元前260年，秦昭王为抢夺和氏璧而发起长平之战，结果于公元前259年尽歼长平赵国军队，兵锋直指赵国首都邯郸；公元前259年，秦国武安君白起第一次进围邯郸，赵都岌岌可危，赵国灭亡在即；赵孝成王倚重苏代，用和氏璧解围邯郸，和氏璧遂入秦国
秦昭襄王时期	和氏璧于公元前259年已入秦国
秦孝文王时期	
秦庄襄王时期	
秦王政时期（前246—前221）	和氏璧于公元前237年已入秦国，秦王政已拥有和氏璧
三、秦朝（前221—前207）	
秦始皇时期（前221—前210）	公元前221年灭齐，从而一统六国，秦王政自号秦始皇 公元前219年，秦始皇巡游洞庭湖时失璧 公元前210年，秦始皇东巡途中驾崩于沙丘（今河北省邢台市），随后，和氏璧在中国历史上失去踪迹，直到650年后才被北魏著名学者崔浩（381—450）第一次提起，从此和氏璧又与传国玺的命运纠缠在一起。王春云博士的研究认为，和氏璧与传国玺截然不同，当于秦始皇死后随葬于秦始皇陵中了

附录三　白灵玉获奖作品集锦

一、王共志获奖作品

1.《意念》荣获 2012 年中国玉石雕神工奖金奖

2.《三国印象》荣获 2012 年中国玉石雕刻天工奖铜奖

3.《丝路花雨》荣获 2012 年中国玉石器百花奖铜奖

4.《水月观音》荣获 2013 年大河风尚第八届中国玉石雕刻陆子冈杯金奖

5.《韦陀菩萨》荣获 2013 年第五届中国上海玉石雕刻玉龙奖最佳工艺奖

6.《人约黄昏后》荣获 2013 年中国玉石雕刻陆子冈杯银奖

7.《珞伽戏狮》荣获 2013 年中国玉石器百花奖金奖

8.《破天》荣获 2013 年中国玉石器百花奖铜奖

9.《佛愿》荣获 2013 年中国玉石雕神工奖银奖

10.《天山春色》荣获 2013 年中国玉石雕刻天工奖铜奖

11.《灵心慧语》荣获 2014 年第六届中国上海玉石雕刻玉龙奖银奖

12.《爱神》荣获 2014 年中国玉石雕神工奖铜奖

13.《哪吒》荣获 2014 年中国玉石雕刻陆子冈杯银奖

14.《凌寒》荣获 2014 年江苏省紫薇花·艺博杯工艺美术精品奖银奖

15.《寿星》荣获 2015 年大河风尚第九届中国玉石雕刻陆子冈杯最佳工艺奖

16.《晨钟》荣获 2015 年第七届中国上海玉石雕刻玉龙奖银奖

17.《光荣永在梦想永存》荣获 2015 年第七届中国上海玉石雕刻玉龙奖最佳创意奖

18.《凌寒》荣获 2015 年中华玉石雕玉冠奖最佳文化创意奖

19.《我心菩提》荣获 2016 年第八届中国上海玉石雕刻"玉龙奖"金奖

20.《禅机何处》入选 2016 年当代工艺美术双年展

21.《地藏》荣获 2016 年中国玉石器百花奖银奖

22.《钟馗》荣获中国第四届非物质文化遗产奖

二、王共亚获奖作品

1.《踏雪寻梅》荣获 2006 年天工奖最佳创意奖

2.《苏武牧羊》荣获 2010 年天工奖铜奖

3.《自在观音》荣获 2010 年年中国玉（石）器百花奖（北京）最佳工艺奖

4.《深山访友图》荣获 2011 年中国玉（石）器百花奖金奖

5.《庄严法相》荣获 2011 年中国玉（石）器百花奖铜奖

6.《乐叟》荣获 2011 年中国·上海玉（石）雕神工奖（东明杯）创新金奖

7.《天籁》荣获 2011 年中国·上海玉（石）雕神工奖（东明杯）银奖

8.《如意观音》荣获 2011 年陆子冈杯银奖

9.《万象更新》荣获 2012 年上海玉龙杯银奖

10.《四大士》荣获 2012 年百花奖银奖

11.《中华魂》荣获 2012 年上海神工奖最佳创意奖

12.《梵天净土》荣获 2013 年上海玉龙杯银奖

13.《地藏菩萨》荣获 2013 年中国玉（石）器百花奖金奖

14.《大道无极》荣获 2013 年神工奖银奖

15.《大光明菩萨》荣获 2013 年陆子冈杯银奖

16.《风雪夜归人》荣获 2014 年九龙壁杯金奖

17.《古典四美》荣获 2014 年上海玉龙杯金奖

18.《乐叟》荣获中国 2014 玉雕名家名作精品邀请展特别奖

19.《化蝶》荣获 2014 年天工奖优秀奖

20.《降龙观音》荣获 2014 年陆子冈杯银奖

21.《无相》荣获 2015 年陆子冈杯最佳创意奖

22.《和合》荣获 2015 年玉龙杯最佳工艺奖

23.《大千佛国图》荣获 2015 年中国玉（石）雕神工奖银奖

24.《达摩》荣获 2015 年中国玉（石）雕神工奖金奖

25.《神》荣获 2015 年中国玉（石）雕神工奖最佳创意奖

26.《和平之路》荣获 2015 年中华玉冠奖银奖

27.《施药观音》荣获 2016 年玉龙奖最佳创意奖

28.《代代安乐》荣获 2015 年玉龙奖银奖

29.《问禅》荣获 2016 年玉龙奖最佳创意奖

30.《祥龙观音》荣获 2016 年中国玉（石）器百花奖银奖

31.《自在观音》入选 2016 年当代工艺美术双年展

32.《神龙观音》荣获 2016 年陆子冈杯金奖

三、林继相获奖作品

1.《唐韵》荣获 2010 年中国玉石器百花奖金奖

2.《舞者》荣获 2010 年中国玉石器百花奖优秀奖

3.《近代文化名人组雕国画大师》荣获 2011 年中国玉石器百花奖金奖

4.《家园》荣获 2011 年中国玉石器百花奖优秀奖

5.《霓裳》荣获 2011 年中国玉石雕神工奖金奖

6、《一杵降魔》荣获 2011 年中国玉石雕神工奖银奖

7.《鸿运当头》荣获 2011 年中国玉石雕神工奖优秀奖

8.《酉女》荣获 2011 年中国玉石雕神工奖优秀奖

9.《四大美人》荣获 2011 年中国玉石雕刻陆子冈杯金奖

10.《春思》荣获 2011 年中国玉石雕刻陆子冈杯优秀奖

11.《大唐遗韵》荣获 2011 年中国玉石雕刻陆子冈杯优秀奖

12.《四大金刚》荣获 2012 年中国上海玉龙奖金奖

13.《豆蔻年华》荣获 2012 年中国上海玉龙奖优秀奖

14.《母子情》荣获 2012 年中国上海玉龙奖优秀奖

15.《十八罗汉》荣获 2012 年中国玉石器百花奖金奖

16.《四大天王》荣获 2012 年中国玉石雕神工奖创新金奖

17.《念奴娇》荣获 2012 年中国玉石雕刻陆子冈杯优秀奖

18.《释儒道》荣获 2013 年上海玉龙奖金奖

19.《怒目金刚》荣获 2013 中国玉石雕神工奖金奖

20.《大唐遗风》荣获 2013 年中国玉石器百花奖最具文化创意奖

21.《少女情怀》荣获 2014 年上海玉龙奖金奖

22.《那罗耶》荣获 2014 年上海玉龙奖铜奖

23.《浅黛眉》荣获 2014 年上海玉龙奖优秀奖

24.《天王》荣获 2014 年江苏省艺博杯金奖

25.《观自在》荣获江苏省艺博杯银奖

26.《山花》荣获江苏省艺博杯银奖

27.《青春之歌》2014 年荣获中国玉石雕神工奖银奖

28.《观自在》荣获中国玉石雕神工奖银奖

29.《一苇渡江》荣获中国玉石雕神工奖优秀奖

30.《庄严法相》荣获 2014 年陆子冈杯银奖

31.《花颜》荣获 2014 年陆子冈杯银奖

32.《水月观音》荣获 2014 年陆子冈杯优秀奖

33.《少女情怀》荣获 2014 年上海玉龙奖金奖

34.《霞光》荣获 2015 年江苏省艺博杯金奖

35.《远山》荣获 2015 年陆子冈杯金奖

36.《静佛》荣获 2015 年陆子冈杯优秀奖

37.《观自在》荣获 2015 年中国上海玉龙奖最佳创意奖

38.《水月观音》荣获 2015 年中国上海玉龙奖最佳工艺奖

39.《无上道》荣获 2015 年中国上海玉龙奖优秀奖

后　记

　　有人怀疑和氏璧的存在，就如同怀疑传说中的大禹治水一样，可笑至极，不值一辩。笔者不仅不怀疑和氏璧的存在，而且还论证了和氏璧原璞就是白灵玉原石。赞同也好，反对也罢，笔者均会俯下身躯倾听八方，哪怕只有只言片语，也是对本人的慰藉和鞭策，均在感谢之列。

　　本人在编撰拙著过程中，得到了中国玉石雕刻大师王共亚先生和林继相先生的倾力支持，他们无偿提供自己作品的图片，供本书使用，还亲自撰文为拙著增色添彩，如王共亚先生的《白灵玉的巧雕艺术》《谈谈乐叟的创作过程》《玉雕中的奇葩》；林继相先生的《江南好风景旧曾谙》《单纯的深邃》。本人对两位大师的辛勤付出表示由衷的感谢！

　　本书的"白灵玉的矿物学分析""白灵玉的物理检测""白灵玉的化学检测"三个小节是选自张训彩的《中国灵璧奇石》一书；而附录一、附录二选自王春云博士的《破解国魂和氏璧之谜·历史篇》；此外，本书还有几篇文章来自网络，如《探寻白灵玉》《天下第一石》《寻白灵石记》等。尽管笔者十分重视参考文献的原始出处，但挂一漏万的情况可能还会发生，因此笔者提醒读者，如果各位著作权人发现拙著中的引用有不明、不全的地方，敬请来信、来电予以指正。

值得庆幸的是，在拙著即将付梓之际，又欣然收到了诗人田密为王共志先生所写的《心之所向，砥砺前行》一文以及为共志先生的白灵玉作品《凌寒》所作的诗句，此锦上添花之作为拙著画上了一个圆满的句号。幸甚！幸甚！

笔者既不是历史学家，也不是考古学家，更不是矿物学家，尽管几经推敲修改，但书中错谬之处在所难免，祈请先达同仁不吝赐教！如果能引起一些同好的共鸣、激起一些学人探讨和氏璧和研究和氏璧的欲望，本人的付出就算没有白费了。

最后，再次向所有关心、支持本书出版的同仁致以诚挚的谢意！

张继新

2016 年 11 月 16 号于北京清河四拨子